Thomas Feuerabend

Bauleiter-Handbuch
Auftraggeber

Thomas Feuerabend

Bauleiter-Handbuch Auftraggeber

Anwendungsbeispiele
Checklisten
Musterbriefe

2. Auflage

Werner Verlag 2010

Bibliografische Information der Deutschen Nationalbibliothek
Die Deutsche Nationalbibliothek verzeichnet diese Publikation in der Deutschen Nationalbibliografie; detaillierte bibliografische Daten sind im Internet über **http://dnb.d-nb.de** abrufbar.

ISBN 978-3-8041-1622-1

www.wolterskluwer.de
www.werner-verlag.de

Umschlag: Martina Busch, Fürstenfeldbruck
Druck: Wilhelm & Adam OHG, Heusenstamm

Gedruckt auf säurefreiem, alterungsbeständigem und chlorfreiem Papier.

 **Werner Verlag**

Vorwort zur 2. Auflage

Nach dem auch für mich überraschenden Erfolg der ersten Auflage dieses Buches wurde das Manuskript überarbeitet und die Abbildungen teilweise modifiziert.

Bei zahlreichen Anlässen wurde ich darauf angesprochen, ob ich nicht eine Software empfehlen kann, mit der meine Ausführungen umgesetzt werden können. Hierzu möchte ich anmerken, dass in diesem Buch der Schwerpunkt auf der Darstellung methodischer Zusammenhänge gelegt wird. Eine Umsetzung beispielsweise der vorgestellten Kostenermittlungsmethodik ist bereits mit einer einfachen Tabellenkalkulation möglich.

Ich bedanke mich für die Anregungen, die mir von meinen Lesern mitgeteilt wurden und lade gerne weiterhin zur Diskussion ein. Für dieses Projekt wurde die Mailadresse bauleitung@feuerabend.de eingerichtet, unter der ich zu erreichen bin. Ich bitte jedoch schon im Voraus um Verständnis dafür, dass ich die anfallenden Mails nur in meiner Freizeit und den Wochenenden bearbeiten kann.

Mein besonderer Dank gilt Frau Jeannette Schnittert für die Unterstützung bei der Überarbeitung von Manuskript und Abbildungen.

Ich wünsche allen Lesern bei Ihren Projekten viel Erfolg! Sie sind eingeladen, Ihre Erfahrungen zu berichten.

Dr.-Ing. Thomas Feuerabend
Hamm, im Juli 2010

Vorwort zur 1. Auflage

Das Buch richtet sich an den auftraggeberseitigen Bauleiter, der neben der örtlichen Bauleitung die übrigen Leistungen der Leistungsphasen 6 bis 9 eines Projektes mit erbringt und bereits davor in die Vorbereitungen der Bauausführung eingebunden ist.

Dabei wird besonderer Wert darauf gelegt, dass alle Fragen, die sich im Zusammenhang mit dieser Tätigkeit stellen, beantwortet werden. Darüber hinaus werden die grundlegenden Zusammenhänge aufgezeigt und so erklärt, welche Tätigkeiten auf bereits erbrachten Leistungen aufbauen können und wie eine effiziente Bearbeitung sichergestellt werden kann. Alle Erklärungen erfolgen an Beispielen.

Zu Gunsten in der Praxis einsetzbarer Methoden wird auf theoretische Ansätze verzichtet.

Bei der Manuskripterstellung wurde Wert auf eine Terminologie gelegt, die sowohl exakt als auch leicht verständlich und praxistauglich ist. Dabei wird davon ausgegangen, dass die VOB vereinbart wird.

Wichtige Randgebiete wie Ablagesystematik oder EDV-Nutzung werden ebenfalls kurz besprochen.

Bei der Erstellung dieses Manuskripts habe ich von vielen Seiten Unterstützung erfahren. Stellvertretend für Alle seien meine Diplomanden Thomas Köster, Alexander Pick, Kevin Schepers und Tobias Winterpacht erwähnt, die in akribischer Kleinarbeit die Abbildungen erstellt und die Grundlagen für das Manuskript erarbeitet haben.

Mein besonderer Dank gilt Frau Birte Frischemeier, die mich bei der Schlussredaktion wesentlich unterstützt hat.

Dr.-Ing. Thomas Feuerabend
Hamm, im Dezember 2007

Inhaltsverzeichnis

Abbildungsverzeichnis

Verzeichnis der Musterbriefe

Literaturverzeichnis

Bielefeld/ Feuerabend

Bielefeld, Bert/ Feuerabend, Thomas, Baukosten- und Terminplanung, Birkhäuser, Basel 2007

BKI Bauelemente

BKI Baukosten 2009, Teil 2: Kostenkennwerte für Bauelemente, Baukosteninformationszentrum, Stuttgart 2009

BKI Gebäude

BKI Baukosten 2009, Teil 1: Statistische Kostenkennwerte für Gebäude, Baukosteninformationszentrum, Stuttgart 2009

Brüssel

Brüssel, Wolfgang/ Baubetrieb von A-Z, 4. Auflage, Werner-Verlag, Düsseldorf 2002

Damerau u.a.

Damerau, Hans von der/ Tauterat, August/ Franz, Rainer, VOB im Bild, 19. Auflage, Müller, Köln 2007

Drees/ Spranz

Drees, Gerhard/ Spranz, Dieter, Handbuch der Arbeitsvorbereitung, Bauverlag, Wiesbaden - Berlin, 1975

Feuerabend

Feuerabend, Thomas, Planungs- und Projektsteuerung auf Basis relationaler Datenmodelle, Dissertation Universität Dortmund, 2005

Feuerabend 2006

Feuerabend, Thomas, Nachtragsmanagement in: Würfele, Falk/ Bielefeld, Bert/ Gralla, Mike, Bauobjektüberwachung, Vieweg, Wiesbaden 2007

Feuerabend/Prote

Feuerabend, Thomas/ Prote, Karsten, „Nachtragsmanagement" in Gralla, Mike/ Würfele, Falk/ Bielefeld, Bert, Bauobjektüberwachung, Vieweg, Wiesbaden 2007

Ganten u.a.

Ganten, Hans/ Jagenburg, Walter/ Motzke, Gerd, Beck'scher VOB Kommentar, Teil B, Beck Juristischer Verlag, 2. Auflage, München 2007

Ingenstau u.a.	Ingenstau, Heinz/ Korbion, Hermann/ Locher, Horst/ Vygen, Klaus, VOB Teile A und B, 14. Auflage, Werner Verlag, Düsseldorf 2001
Kapellmann/Langen	Kapellmann, Klaus D./ Langen, Werner, Einführung in die VOB/B, 12. Auflage, Werner-Verlag, München 2003
Kapellmann/Messerschmidt	Kapellmann, Klaus D./ Messerschmidt, Burkhard, VOB Teile A und B - Vergabe und Vertragsordnung für Bauleistungen, Düsseldorf 2003
Kapellmann/Schiffers, Band 1	Kapellmann, Klaus D./ Schiffers, Karl-Heinz, Vergütung, Nachträge und Behinderungsfolgen beim Bauvertrag, Band 1: Einheitspreisvertrag, 5. Auflage, Werner-Verlag, Düsseldorf 2006
Kühne-Büning u.a.	Kühne-Büning, Ladwina/ Nordalm, Volker/ Steveling, Lieselotte, Grundlagen der Wohnungs- und Immobilienwirtschaft, 4. Auflage, Fritz Knapp Verlag, Frankfurt a. M. 2005
Langen/ Schiffers	Langen, Werner/ Schiffers, Karl-Heinz, Bauplanung und Bauausführung, Werner-Verlag, Düsseldorf 2005
Neufert	Neufert, Ernst, Bauentwurfslehre: Handbuch für den Baufachmann, Bauherrn, Lehrenden und Lernenden, 2. Auflage, Bauwelt, Berlin 1936
Olesen	Olesen, Günter, Bauleistungen und Baupreise für schlüsselfertige Wohnhausbauten, Schiele & Schön, Berlin 1992
Ross u.a.	Ross, Franz W./ Holzner, Peter/ Renner, Ulrich/ Brachmann, Rolf, Ermittlung des Verkehrswertes von Grundstücken und des Wertes baulicher Anlagen, 29. Auflage, Theodor Oppermann Verlag, Isernhagen 2005
Simon/ Kleiber	Simon, Jürgen/ Kleiber, Wolgang, Schätzung und Ermittlung von Grundstückswerten, 7. Auflage, Luchterhand, Berlin 1996

sirAdos	sirAdos, Baudaten für Kostenplanung und Ausschreibung, Edition Aum, Stand Juli 2006
Vygen u.a.	Vygen, Klaus/ Schubert, Eberhardt/ Lang, Andreas, Bauverzögerung und Leistungsänderung, 4.Auflage, Werner Verlag, Wiesbaden- Berlin 2002
Würfele/ Gralla	Würfele, Falk/ Gralla, Mike, Nachtragsmanagement, Werner Verlag, Neuwied 2006

Abkürzungen

Abb.	Abbildung
Abs.	Absatz
AG	Auftraggeber
AN	Auftragnehmer
AK	Anzahl Arbeitskräfte
AT	Arbeitstage
AVA	Ausschreibung, Vergabe, Abrechnung
AW	Aufwandswert
BRI	Bruttorauminhalt
bspw.	beispielsweise
D	Dauer
DVA	Deutscher Verdingungsausschuss für Bauleistungen
EDV	Elektronische Datenverarbeitung
EZB	Europäische Zentralbank
HOAI	Honorarordnung für Architekten und Ingenieure
i.d.R.	in der Regel
KLR	Kosten- und Leistungsrechnung
LP	Leistungsphase
LV	Leistungsverzeichnis
M	Menge
Nr.	Nummer
Ph	Personenstunden
Rn	Randnummer
S.	Seite
TA	tägliche Arbeitszeit
v.H.	von Hundert
vgl.	vergleiche

VgV	Verordnung über die Vergabe öffentlicher Aufträge
VOB	Vergabe- und Vertragsordnung für Bauleistungen
VOB/A	Vergabe- und Vertragsordnung für Bauleistungen - Teil A: Allgemeine Bestimmungen für die Vergabe von Bauleistungen
VOB/B	VOB Vergabe- und Vertragsordnung für Bauleistungen - Teil B: Allgemeine Vertragsbedingungen für die Ausführung von Bauleistungen
VOB/C	VOB Vergabe- und Vertragsordnung für Bauleistungen - Teil C: Allgemeine Technische Vertragsbedingungen für Bauleistungen (DIN 18299 ff.)
z.B.	zum Beispiel

A Grundlagen

1 Allgemeine Hinweise

In diesem Kapitel soll die Struktur und das Beziehungsgeflecht des Planungsprozesses kurz erläutert werden, um für den Leser eine einheitliche Ausgangsbasis zu schaffen.

Zunächst ist die Frage zu klären, wer im Bauprozess Auftraggeber und wer Auftragnehmer ist. Auf den ersten Blick scheint es so zu sein, dass sich dieses Buch „nur" auf das bezieht, was auf Bauherrenseite notwendig ist.

Bei der zielorientierten Baudurchführung (Schlüsselfertigbau) werden bauherrenseitige Prozesse jedoch in das ausführende Unternehmen verlagert. Es handelt sich um dieselben Aufgaben – nur auf der Seite der ausführenden Unternehmen. Auch diese

• führen die Planung soweit fort, dass gebaut werden kann,

• planen eigene und fremde Kapazitäten in Bezug auf Kosten und Termine und

• vergeben Leistungen an Dritte weiter.

Im Fall der **zielorientierten Baudurchführung** gilt das Besprochene ebenso. Hier ist das **ausführende Unternehmen der Auftraggeber** seiner Nachunternehmer.

2 Wichtige Verordnungen, Normen, Gesetze und Begriffe

2.1 VOB

Die **Vergabe- und Vertragsverordnung für Bauleistungen (VOB)** wurde geschaffen, um sowohl die Interessen des Bauherrn als auch die Interessen der Fachunternehmer zu regeln. Sie ist daher ausgewogen. Die aktuelle Fassung der VOB stammt aus 2010 und besteht aus den drei Teilen

a) Allgemeine Bestimmungen für die Vergabe von Bauleistungen,

b) Allgemeine Vertragsbedingungen für die Ausführung von Bauleistungen und

c) Allgemeine Technische Vertragsbedingungen für Bauleistungen.

Wird die VOB im Bauvertrag vereinbart, so bezieht sich die Vereinbarung auf die Teile B und C.[1]

2.2 Gewerk und Leistungsbereich

Während der Bauausführung sind in der Regel unterschiedliche Handwerksunternehmen aus den verschiedensten Handwerksberufen tätig, welche traditionell auch **Gewerke** genannt werden. Da der Begriff Gewerk fälschlicherweise auch für planende Berufe, bzw. für einzelne Handwerkstätigkeiten ge-

---

1   Vgl. § 1 Abs. 1 VOB/B.

braucht wird, wird im Folgenden ausschließlich der Begriff **Leistungsbereich** als Synonym für die Einteilung der technischen Vertragsbedingungen der VOB/C verwandt.

Den einzelnen Leistungsbereichen sind über die leistungsbereichsübergreifende DIN 18299 hinaus entsprechende Fachnormen (DIN 18300 ff.) zugeordnet, in denen fachspezifische Informationen u.a. zu Stoffen, Ausführung und Abrechnung geregelt sind. Eine Liste der Leistungsbereiche der VOB/C findet sich in Anhang 2.

2.3 HOAI

Die **Honorarverordnung für Architekten und Ingenieure (HOAI)** regelt durch Festlegung von Mindest- und Höchstsätzen die Berechnung der Entgelte für die von Architekten und Ingenieuren erbrachten Leistungen, sofern deren Leistungsbild in der HOAI erfasst ist.

Sie enthält jedoch nur preisrechtliche Vorschriften und regelt nicht den von einem Planer geschuldeten Leistungsumfang; dieser ergibt sich aus dem Planungsvertrag.

Die HOAI hat zwar keinen direkten Bezug zur Terminplanung, regelt allerdings welche Leistungen in den jeweiligen Leistungsphasen den unterschiedlichen Leistungsbildern zuzuordnen sind. So ist beispielsweise im Leistungsbild „Objektplanung" für die Leistungsphasen 2, 3 und 5 festgehalten, dass das Integrieren der Leistungen anderer an der Planung fachlich Beteiligter eine Grundleistung ist. Für die Terminplanung bedeutet dies, dass die projektorientierte Terminplanung gemäß Anlage 11 der HOAI als Grundleistung anzusehen ist.

2.3.1 Leistungsbild

Als **Leistungsbilder** werden die Fachgebiete der Planung bezeichnet, für die in der HOAI gesonderte Regelungen für die jeweilige Honorarermittlung gemacht werden. Die bei der Abwicklung von Bauprojekten üblicherweise vorkommenden Leistungsbilder sind u.a.

- die Objektplanung für Gebäude und raumbildende Ausbauten (§ 33 HOAI),
- die Objektplanung für Ingenieurbauwerke (§ 42 HOAI),
- die Objektplanung für Verkehrsanlagen (§ 46 HOAI),
- die Tragwerksplanung (§ 49 HOAI) und
- die Technische Ausrüstung (§ 53 HOAI).

Dabei werden die Planer, die nicht zur Objektplanung zählende Leistungen erbringen, als Fachplaner bezeichnet.[2]

---

2 Vgl. Langen/Schiffers, Rn. 301.

Leistung-bilder	Leistungsphasen des Leistungsbildes Objektplanung								
	1	**2**	**3**	**4**	**5**	**6**	**7**	**8**	**9**
Objekt-planung	Grund-lagen-ermittlung	Vor-planung	Entwurfs-planung	Genehmi-gungs-planung	Ausfüh-rungs-planung	Vorbereiten der Vergabe	Mitwirken bei der Vergabe	Objekt-über-wachung	Objekt-betreuung und Doku-mentation
Tragwerks-planung	Grund-lagen-ermittlung	Vor-planung	Entwurfs-planung	Genehmi-gungs-planung	Ausfüh-rungs-planung	Vorbereiten der Vergabe			
Technische Ausrüstung	Grund-lagen-ermittlung	Vor-planung	Entwurfs-planung	Genehmi-gungs-planung	Ausfüh-rungs-planung	Vorbereiten der Vergabe	Mitwirken bei der Vergabe	Objekt-über-wachung	Objekt-betreuung und Doku-mentation
Thermische Bauphysik		Planungs-konzept	Entwurf	Nachweis	Abstimmen	Abstimmen	Abstimmen	Mitwirken	
Schallschutz und Raum-akustik		Planungs-konzept	Entwurf		Mitwirken	Abstimmen	Abstimmen	Mitwirken	
Boden-mechanik, Erd- und Grundbau	Aufgaben-stellung	Erkundung	Vorschläge						

Abbildung 1: Zuordnung der Leistungsphasen der häufig vorkommender Leistungsbilder zu den Leistungsphasen der Objektplanung

2.3.2 Leistungsphase

Die HOAI vereinigt sachlich zusammengehörige Leistungen in jeweils abge-schlossenen **Leistungsphasen**.[3] Diese Leistungsphasen sind die kleinste, von der HOAI der Höhe nach bewertete Planungseinheit, die durch das je-weils angestrebte, erfolgsorientierte Arbeitsziel gekennzeichnet wird. Die An-zahl der Leistungsphasen der einzelnen Leistungsbilder ist unterschiedlich.

Das Leistungsbild der Objektplanung ist als führendes und integrierendes Leistungsbild anzusehen. Das ergibt sich auch unmittelbar aus dem Text der HOAI, die in einzelnen Leistungsphasen der Objektplanung die Koordinati-onspflicht ausdrücklich erwähnt.[4]

Die Zuordnung der Leistungsphasen der üblicherweise vorkommenden Leis-tungsbilder zu den Leistungsphasen der Objektplanung kann Abb. 1 entnom-men werden.

---

3 Vgl. § 3 Nr. 3 HOAI.
4 Vgl. Anlage 11 der HOAI, die in den Leistungsphasen 2 und 3 das „Integrieren der Leistungen anderer an der Planung fachlich Beteiligter" aufführt.

Nr.	Leistungsphase	Arbeitsziele
1	Grundlagener-mittlung	Festlegung der Soll-Vorgaben für die Planung
2	Vorplanung	Planungskonzepte zur Lösung der Soll-Vorgaben aus Leistungsphase 1
3	Entwurfsplanung	Genehmigungsfähiger Gesamtentwurf
4	Genehmigungs-planung	Erlangung der Baugenehmigung
5	Ausführungspla-nung	Darstellung aller für die Ausführung notwendigen Einzelangaben
6	Vorbereiten der Vergabe	Erarbeiten der Ausschreibungsunterlagen
7	Mitwirkung bei der Vergabe	Einholen, Prüfen und Werten von Angeboten, Vergabe der Bauleistungen
8	Objektüberwa-chung (Bauüber-wachung)	Geregelter Bauablauf, Einhaltung der Termine,Kosten und Qualitäten; wirtschaftliche und technische Mangelfreiheit
9	Objektbetreuung und Dokumentation	Mangelfreies Bauwerk bis zum Ablauf der Verjährungsfristen

Abbildung 2: Wesentliche Arbeitsziele der Leistungsphasen der Objektplanung

Für das hier behandelte Leistungsbild Objektplanung sind die Arbeitsziele der einzelnen Leistungsphasen in Abb. 2 dargestellt. In diesem Buch werden die wichtigsten Aufgaben der Leistungsphasen 6 bis 9 besprochen, weil diese in der Regel eine Einheit bilden und sich wechselseitig beeinflussen.

Beispiel
Eine mangelhafte Ausschreibung (LP 6) führt zu Nachträgen (LP 8).

Leistungsphase 6 hat das Aufstellen von Leistungsbeschreibungen mit Leistungsverzeichnissen als Grundlage für die Ermittlung und Zusammenstellung der Mengen zum Ziel. Dabei sind die Leistungsbeschreibungen mit den Fachplanern zu koordinieren und abzustimmen.

Leistungsphase 7 enthält den Ausschreibungs- und Vergabeprozess mit dem Ziel, geeignete Unternehmer zu finden und zu beauftragen.

Die Bauüberwachung unterfällt der **Leistungsphase 8**. Ziel ist die Herstellung eines mangelfreien Bauwerks unter Einhaltung der Anforderungen an Kosten, Qualitäten und Termine.

Die Sicherstellung der Mangelfreiheit bis zum Ende der Verjährungsfristen ist Ziel der **Leistungsphase 9**.

2.4 DIN 276

Die **DIN 276** definiert die Kostenplanung im Bauwesen und gibt Kriterien zur Gliederung von Kosten vor, die einen Vergleich von Kostenermittlungen ermöglichen, ohne die Kosten im Einzelnen zu beurteilen.[5]

Sie dient lediglich als Gliederungshilfe bei der Kostenermittlung, gibt jedoch keine Berechnungsmethodik vor. Die Kostengliederung der DIN 276 ist in drei Ebenen unterteilt, die jeweils mit einer dreistelligen Zahl gekennzeichnet sind. Je weiter der Planungsprozess fortschreitet und die Detaillierung zunimmt, desto detaillierter werden auch die Kostenermittlungen. Vgl. hierzu noch ausführlich unter D.3.4 f.

2.5 DIN 18299

Die **DIN 18299** ist der Teil der VOB/C, der „Allgemeine Regelungen für Bauarbeiten jeder Art" enthält. Hier sind

1) Hinweise zur Erstellung einer Leistungsbeschreibung,

2) Geltungsbereich,

3) Stoffe und Bauteile,

4) Ausführung,

5) Nebenleistungen, Besondere Leistungen und

6) Abrechnung

geregelt. Diese Gliederung findet sich auch in den jeweiligen Fachnormen der einzelnen Leistungsbereiche wieder.

3   Vollmachten

Im Rahmen der Tätigkeit des Bauleiters wird nicht nur die Ausführung kontrolliert, sondern auch gesteuert. Dazu müssen i.d.R. diverse andere Anordnungen über Änderungen der Ausführung, Zusatzleistungen oder Stundenlohnarbeiten getroffen werden.

Im Hinblick auf die Folgen, die durch falsches Handeln entstehen, hat sich der Bauleiter zu versichern, ob und wie weit er auch tatsächlich zur Vertretung des Auftraggebers befugt ist.

Dem Auftraggeber steht es frei, in welchem Umfang er seinen Bauleiter bevollmächtigt. Im Rahmen der Beauftragung der Objektüberwachung wird dem Bauleiter eine Mindestvollmacht (originär Vollmacht) übertragen, wenn nichts anderes im Bauleitervertrag und/oder Bauvertrag geregelt ist.[6]

Ohne ausdrückliche Vollmacht des Auftraggebers darf der Bauleiter Aufträge über Änderungs- oder Zusatzleistungen nur in einem Umfang erteilen, der eine in Bezug auf den Gesamtauftrag geringfügige Leistungstiefe hat.[7]

---

5   Vgl. DIN 276, Teil 1, Punkt 1.
6   Vgl. Langen/Schiffers, Rn. 178.
7   Vgl. Kapellmann/Schiffers, Band 1, Rn. 903.

	originäre Vollmacht	echte Vollmacht
Technische Abnahmen	☐	
Rechtsgeschäftliche Abnahmen		☐
Abzeichnung von Stundenlohnzetteln	☐	
Vergabe von Stundenlohnarbeiten		☐
Annahme Behinderungsanzeige	☐	
Annahme Bedenkenanzeige	☐	
Anerkenntnis von Rechnungen		☐
Fristverlängerungen		☐
Erteilung von Zusatzaufträge		☐
Mängelrügen aussprechen	☐	
Abrechnungen prüfen	☐	
Gemeinsames Aufmaß	☐	
Beauftragung von Sonderfachleuten		☐
Beauftragung von Nachträge		☐
Vertragsabschlüsse		☐

Abbildung 3:   Die Befugnisse des Bauleiters mit und ohne Vollmacht

Der Auftraggeber kann den Bauleiter natürlich auch umfassender bevollmächtigen, ebenso ist auch ein vollkommener Ausschluss der Vollmacht möglich.

Wird der Bauleiter nicht zusätzlich bevollmächtigt, so hat er grundsätzlich von einem Fehlen der Vertretungsmacht auszugehen.

Um spätere Streitigkeiten zu vermeiden, werden die Vollmachten vorab mit dem Auftraggeber besprochen und entsprechend dokumentiert. Abb. 3 kann hier als Leitfaden dienen.

4   Organisation

4.1   Codierung von Unterlagen

In der Praxis kommt es häufig zu Änderungen gegenüber der zunächst vorgesehenen Ausführung. Dies bedingt, dass die Ausführungspläne auf dem neuesten Stand gehalten und den Unternehmern und Fachplanern zur Verfügung gestellt werden. Strukturiert man diesen Prozess nicht, geht der Überblick über die Planstände schnell verloren.

Jeder Plan ist mit einer eindeutigen und fortlaufenden Kennzeichnung zu versehen. Die Angaben enthalten mindestens

- Planinhalt (z.B. Grundriss EG, Bauabschnitt B),
- Maßstab (z.B. 1:50),
- Plannummer (z.B. B.EG.001),
- Fortlaufender Bearbeitungsindex (z.B. B.EG.001a) und
- Informationen über die seit dem letzten Planstand geänderten Inhalte mit Kürzel des Bearbeiters und Änderungsdatum, (z.B. Anschlag der Tür zu Raum 042 geändert; 26.11.2009; TF).

Geänderte Pläne werden an alle betroffenen Planer und Auftragnehmer verschickt. Zur besseren Übersicht können Änderungen markiert werden, um die Übersicht zu erleichtern.

Damit klar ist, wer welche Pläne erhält, legt der Bauleiter zusammen mit den Planern eine Planliefermatrix fest, damit die Verschickung der Pläne reibungslos funktioniert.

Hierbei sind die mit den Unternehmen vereinbarten, sonst den üblichen Planungsfristen zu beachten, um Behinderungen (vgl. dazu noch E.5.3) zu vermeiden und auch im Fall von Fehlern in der Planung noch rechtzeitig reagieren zu können.

Um den Versand der Pläne zu dokumentieren, werden Planlisten geführt, die Auskunft darüber geben, welche Pläne existieren, wann welche Änderungen durchgeführt wurden und wer welche Pläne wann erhalten hat.

Aus Gründen der späteren Belegbarkeit erfolgt der Versand von Plänen stets mit Anschreiben, das in Kopie zu den Akten genommen wird (vgl. Musterschreiben 1).

Hintergrund ist, dass es bereits vorgekommen ist, dass Auftragnehmer nach veralteten Plänen gebaut haben – und der Beleg der Zustellung der aktuellen Planstände nicht geführt werden konnte.

Von der Übermittlung von Planausschnitten sollte – auch im eigenen Interesse – abgesehen werden, weil diese auf der Baustelle oftmals „untergehen".

Eine Umsetzung ist bereits mit einer Tabellenkalkulation möglich und reicht auch in einem Großteil der Fälle aus.

Auftragnehmer
Musterstraße 12

45654 Musterstadt

25.06.2010

**Neubau Altenheim, Residenzstr. 23, 45654 Musterstadt
hier: Übersendung Bauzeichnung**

Sehr geehrte Damen und Herren,

anliegend erhalten Sie den Plan EG.001a zu vorbezeichneter Baumaßnahme mit der Bitte um Beachtung.

Der bisherige Plan EG.001 ist nicht mehr gültig.

Mit freundlichen Grüßen

Karl Bauleiter

Musterschreiben 1: Übersendung von Unterlagen

4.2 Dokumente in Papierform

Für den Bauleiter ist eine übersichtliche Ordnerstruktur wichtig, weil er bei Problemen die betreffenden Unterlagen in kürzester Zeit finden und ggf. gesammelt mit zur Baustelle nehmen muss.

Daher empfiehlt es sich, für jeden Auftragnehmer einen eigenen Ordner anzulegen, in dem alle Dokumente abgelegt werden. Eine mögliche einheitliche Struktur des Ordners könnte

- Schriftverkehr (Briefe, E-Mails, Faxe),
- Rechnungen (Abschlagsrechnungen bis Schlussrechnung),
- Nachträge (Nachtragsangebote und Beauftragungen) und
- Angebot und Auftrag

sein.

Der Vollständigkeit der Akte halber ist zu empfehlen, auch alle elektronisch übermittelten Dokumente ausgedruckt zu archivieren, damit bei Recherchen ein Vorgang schnell und ohne großen Aufwand nachvollzogen werden kann.

4.3 Elektronische Dokumente

Während der Baudurchführung fallen zahlreiche Daten an, die elektronisch abgelegt werden. Die Strukturierung dieser Ablage bleibt jedem Bauleiter selbst überlassen. Unumstritten ist, dass der Umfang der heutigen Datenmengen die Übersicht erschwert und eine strukturierte Arbeitsweise bedingt.

Um einen schnellen Zugriff auf die Schriftstücke, Tabellen und Pläne eines Bauvorhabens zu gewährleisten, ist eine Ordnerstruktur sinnvoll, die sich an der Organisationsstruktur des Projektes orientiert.

Beispiel

Zu jedem Auftragnehmer existiert ein Verzeichnis auf dem Server, in dem die zugehörigen Daten abgelegt werden.

Weil auch elektronische Dokumente fortgeschrieben und überarbeitet werden, werden auch die entsprechenden Dateien angepasst und neu gespeichert. Damit die alten Stände nicht verloren gehen und der Stand der Daten rekonstruierbar bleibt, werden die Dateien „versioniert".

Das heißt, dass mit jeder Änderung der entsprechenden Datei eine Neuabspeicherung mit fortlaufender Versionsnummer und Bearbeiterkürzel durchgeführt wird.

Beispiel

Kostenermittlung v001fd.xls
Kostenermittlung v002ap.xls
Kostenermittlung v003tk.xls

Im Beispiel wurde die erste Kostenermittlung von Herrn Feuerabend (fd) erstellt. Die weitere Bearbeitung erfolgte durch die Herren Pick (ap) und Köster (tk).

Bei Dokumenten, die einen Datumsbezug haben, wie beispielsweise Schriftstücke, empfiehlt es sich, den Dateinamen das Datum im Format Jahr-Monat-Tag voran zu stellen, weil die Dateien dann entsprechend sortiert werden.

Beispiel

20091012 Zurückweisung Behinderungsanzeige v001fd.doc
20091124 Abhilfeaufforderung v001fd.doc
20091127 Kündigung v001fd.doc

Die Verwendung von aussagefähigen Dateinamen versteht sich von selbst.

B Grundlagen der Terminplanung

1 Terminplanungsebenen

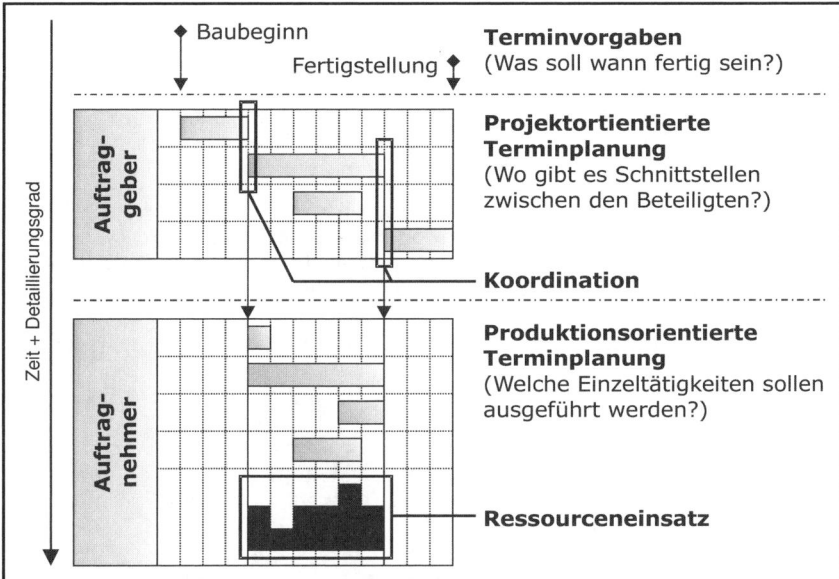

Abbildung 4:   Terminplanungsebenen

Im Folgenden werden die Begriffe

- **Terminvorgabe**
  (Was soll wann fertig sein?),

- **Projektorientierte Terminplanung**
  (Wo gibt es Schnittstellen zwischen den Beteiligten?) und

- **Produktionsorientierte Terminplanung**
  (Welche Einzeltätigkeiten sollen ausgeführt werden?)

unterschieden (vgl. Abb. 4).

Diese Differenzierung ist notwendig, weil Terminplanungen regelmäßig in mehreren Schritten erstellt werden. Eine Vorgehensweise die sehr sinnvoll ist, weil:

- zu früh detaillierte Terminplanungen in vielen Fällen noch einmal voll-ständig überarbeitet werden müssen und

- eine Detaillierung der „sehr fernen" Vorgänge im Terminplan noch keine weiteren Erkenntnisse für das aktuelle Tun hat.

Im Weiteren wird erläutert, wie und wann welche Detaillierungsgrade einge-setzt werden sollten und wie eine Fortschreibung der bisherigen Terminpla-nung erfolgen kann.

11

1.1 Terminvorgaben

Unter **Terminvorgaben** werden die terminlichen Vorstellungen des Bauherrn verstanden.

Dabei erscheint der Fall „Terminvorgabe" nur auf den ersten Blick einfach zu bearbeiten. Vielmehr ist es Aufgabe des Terminplaners, die Vorgaben des Bauherren auf ihre Realisierbarkeit hin zu prüfen. In vielen Fällen ist der Bauherr Laie in Bezug auf die Terminplanung von Bauprojekten und hat keine oder falsche Vorstellungen zum konkreten baubetrieblichen Ablauf und den daraus resultierenden Ausführungsdauern.

Je nach Bauverfahren gilt es, den Ressourceneinsatz so zu optimieren, dass Kosten und Termine in einem ausgewogenen Verhältnis stehen. Diese Optimierung beruht auf einem ausgewogenen Verhältnis der eingesetzten Arbeitskräfte, Geräte und Bauverfahren, die so insgesamt wirtschaftlich optimal arbeiten.

> **Beispiel**
>
> Bei einem Gebäude aus Ortbeton können die Decken mit einem Schalsatz erstellt werden.

Das Gegenteil dazu sind (Beschleunigungs-)Kosten[8], die anfallen, wenn der Ressourceneinsatz nicht mehr optimal ist (Überstunden, Mehrschichtbetrieb, komplexere Bauverfahren, spezielle Baustoffe etc.). Diese zusätzlichen Kosten resultieren in vielen Fällen aus zu kurzen Soll-Ausführungsdauern, die nicht wirtschaftlich realisiert werden können.

> **Beispiel**
>
> Die üblicherweise im Winter eintretenden Witterungsverhältnisse werden nicht im Terminplan berücksichtigt. Der Terminrückstand wird durch – für den Bauherrn kostenintensive – Überstunden abgefangen.

Der Terminplaner ist gut beraten, wenn er Vorstellungen des Bauherrn auf ihre Realisierbarkeit hin untersucht und gegebenenfalls Vorschläge zur Anpassung unterbreitet. Vgl. ausführlich noch unter B.4.1.

1.2 Projektorientierte Terminplanung

Die **Projektorientierte Terminplanung** richtet ihr Augenmerk auf die Koordination der Projektbeteiligten und wird in der Regel auftraggeberseitig erstellt.

Die Feinheit der Untergliederung des Terminplans hängt davon ab, wie viele Abhängigkeiten zwischen den Beteiligten existieren.

---

8   Vgl. E.5.3.5.2.

Die Erstellung des Projektorientierten Terminplans erfolgt in der Regel schon früh durch den zuständigen Projektleiter. Im weiteren wird die Erstellung und Fortschreibung dieser frühen Terminplänen tiefer erläutert, weil in der Praxis in vielen Fällen der spätere Bauleiter bereits hierfür verantwortlich ist.

In Bezug auf die Planung kann beispielsweise ein Bemusterungstermin mit dem Bauherrn notwendig sein, um die Ausschreibungen fertig stellen zu können. Dieser Termin wird in der Projektorientierten Terminplanung aufgeführt.

Zur Baudurchführung werden regelmäßig die Termine in der Projektorientierten Terminplanung aufgeführt, die eine „Staffelstabübergabe" zwischen den Projektbeteiligen darstellen. Beispielsweise der Termin „Hülle dicht", der Voraussetzung für den Innenausbau ist.

Der Projektorientierte Terminplan ist somit mehr als nur eine erste grobe Orientierungshilfe. Der Projektorientierte Terminplan gibt den terminlichen Rahmen für die einzelnen Projektbeteiligen vor. Für den Bauherrn liefert er wichtige Informationen z.b. in Bezug auf seine Finanzplanung.[9]

1.3 Produktionsorientierte Terminplanung

Die **Produktionsorientierte Terminplanung** dient dazu, die Ressourcen innerhalb eines aus der Projektorientierten Terminplanung vorgegebenen Terminrahmens optimal zu nutzen und wird in der Regel für den Rohbau auftragnehmerseitig erstellt.

Im Bereich des Ausbaus werden in der Praxis in den wenigsten Fällen produktionsorientierte Terminpläne erstellt, bzw. diese nicht vom Auftragnehmer überreicht. Vielmehr „ordnen" sich die Unternehmer der auftraggeberseitig erstellten Terminplanung unter.

Der Detaillierungsgrad wird bestimmt durch die notwendigen Einzelschritte zur Zielerreichung.

Innerhalb des Planungsprozesses ist es beispielsweise oftmals ratsam, die Reihenfolge der Erstellung der Ausschreibungen so zu wählen, dass Mengenermittlungen mehrfach genutzt werden können.

> **Beispiel**
>
> Es wird erst die Ausschreibung für die Trockenbauarbeiten erstellt, weil dadurch klar ist, welche Mengen an Wandfläche der Maler zu bearbeiten hat.

---

9   Vgl. noch ausführlich unter D.3.5.

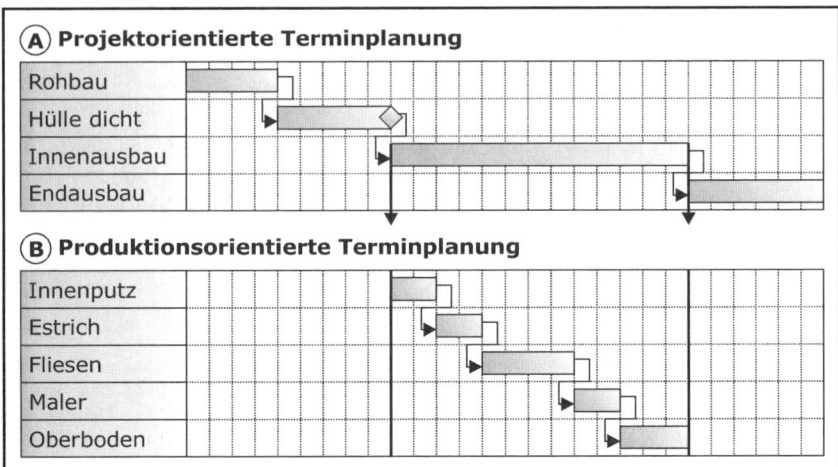

Abbildung 5: Überführung einer Projekt- in eine Produktionsorientierte Terminplanung

Bei der Baudurchführung dient der Produktionsorientierte Terminplan zur Einteilung der Ressourcen und ist daher entsprechend fein detailliert. Wichtig ist, dass dem produktionsorientierten Terminplan entnommen werden kann, welches Unternehmen wann, wo und wie tätig ist.

Beispiel

Der Polier sieht im Produktionsorientierten Terminplan nach, in welchem Bauabschnitt die Maurer heute tätig sein sollen.

Dabei ist zu beachten, dass die Einteilung des Ressourceneinsatzes ausschließlich Sache des Auftragnehmer ist und dass dem Auftraggeber kein Recht zusteht, direkt über die Ressourcen des Auftragnehmers zu verfügen.[10]

Aus Sicht des Auftraggebers sind produktionsorientierte Terminpläne unter dem Aspekt einer „üblichen Umsetzbarkeit" zu sehen.

Die Terminplanung auf Auftraggeberseite sollte – um beispielsweise Fragen einer eventuell angeordneten Beschleunigungsanordnung von vorne herein aus dem Weg zu gehen – lediglich vorgeben, was wann von wem in welcher Zeit zu erstellen ist.

---

10 Vgl. Kapellmann/Schiffers, Band 1, Rn. 1458.

1.4 Überführung der Projektorientierten in eine Produktionsorientierte Terminplanung

Mit abnehmendem Zeitabstand zur jeweiligen Ausführung wird die Projektorientierte Terminplanung in eine Produktionsorientierte Terminplanung umgeschrieben. Anders ausgedrückt: Die Vorgänge im Projektorientierten Terminplan werden detailliert.

Hierzu wird der Terminrahmen des zu Detaillierenden aus dem Produktionsorientierten Terminplan entnommen (vgl. Abb. 5, A) und so fortgeschrieben, das der Terminrahmen weiter eingehalten wird (vgl. Abb. 5, B).

Diese Fortschreibung kann schrittweise, wie in Abb. 5 dargestellt, erfolgen.

Beispiel

Der Vorgang „Innenausbau" im Projektorientierten Terminplan wird im Produktionsorientierten Terminplan in die Vorgänge „Innenputz", „Estrich", „Fliesen", „Maler" und „Oberboden" aufgespalten.

---

2 Darstellungsformen

2.1 Grundsätzliches

Wie viele Informationen des täglichen Lebens können auch Termininformationen auf unterschiedliche Weise dargestellt werden. Dieser Abschnitt erklärt, wie die Darstellungsformen zu lesen sind und welche Darstellungsform sich für welchen Zweck am Besten eignet.

Moderne Terminplanungsprogramme können sämtliche hier vorgestellten Ansichten darstellen und bieten so die Flexibilität, beliebig zwischen den Darstellungsformen hin - und her zu wechseln. So kann der Anwender stets die Sicht verwenden, die seinen konkreten Informationsbedürfnissen am Besten entspricht.

Über die hier besprochenen Darstellungsformen hinaus existieren noch weitere, die hier nicht gesondert erwähnt werden können. Für die deutliche Mehrheit der Bauprojekte im Hochbau reichen die hier vorgestellten Darstellungsformen aus.

2.2 Balkenplan

Die bei Hochbauprojekten am Weitesten verbreitete Darstellungsform ist der **Balkenplan**, in dem jeder Vorgang in einer Zeile dargestellt wird (vgl. Abb. 6, A).

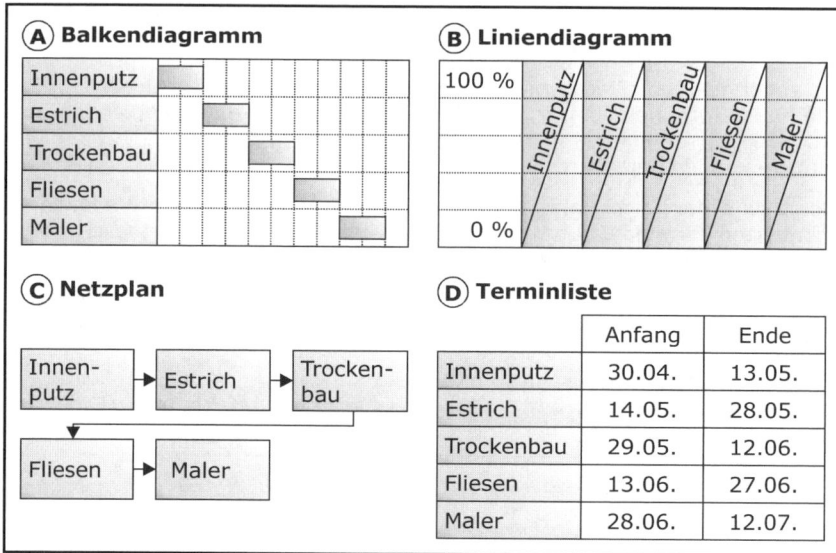

Abbildung 6: Darstellungsformen von Terminplänen

Auf der linken Seite werden zu jedem Vorgang typischerweise Informationen wie Dauer, Anfangsdatum und Enddatum angegeben. Auf der rechten Seite werden dann die Termine des Vorgangs als Balken über die horizontale Zeitachse grafisch dargestellt.

Balkenpläne eignen sich sehr gut dazu, festzustellen, was sich zu einem bestimmten Zeitpunkt ablaufen soll. Zudem geht aus der Anordnung der Balken in vielen Fällen auch die geplante Reihenfolge der Vorgänge hervor.

Ebenso gut können Balkenpläne zur Dokumentation der Ist-Termine dienen, die noch im Kapitel E ausführlich besprochen wird.

Wenn es jedoch darum geht, das Beziehungsgeflecht eines komplexen Terminplans zu durchdringen, so ist die unter B.2.4 beschriebene Darstellungsform als Netzplan besser geeignet.

2.3 Liniendiagramm

In einem **Liniendiagramm** werden die Vorgänge in einem Raster aus vertikal dargestelltem Leistungsstand und horizontaler Zeitachse abgebildet (vgl. Abb. 6, B).

Man spricht von einem Weg-/Zeit-Diagramm, wenn der abgebildete Leistungsstand einem Weg entspricht. Diese Darstellung kommt beispielsweise bei Straßen- oder Tunnelbaumaßnahmen zum Einsatz, weil sie für diese Fälle die anschaulichste Form des Terminplans ist.

Im Hochbau kommen hingegen vorwiegend Volumen/Zeit-Diagramme zum Einsatz, in denen der Leistungsstand der Vorgänge normiert ist. Die Einheit der Leistung ist daher in Prozent angegeben (vgl. Abb. 6, B).

Die Normierung der Darstellung führt dazu, dass die Vorgänge gleichwertig „erscheinen". Das Beziehungsgeflecht der Vorgänge untereinander hingegen kann nur indirekt über die Termine ermittelt werden.

Auf Grund der für viele Beteiligte schwer verständlichen Darstellung kommen Volumen/Zeit-Diagramme bei Hochbauprojekten nur in seltenen Fällen zum Einsatz, z.B. bei Hochhausbauten.

2.4 Netzplan

Der **Netzplan** bildet das Beziehungsgeflecht zwischen den Vorgängen ab. Dabei werden die Vorgänge selbst in Knotenpunkten dargestellt und die Abhängigkeiten der Vorgänge durch Pfeile visualisiert (vgl. Abb. 6, C).

In den Knotenpunkten werden in der Regel noch weitere Informationen zum Vorgang angegeben. Der Bauleiter hat bei den aktuellen Terminplanungsprogrammen die Möglichkeit, die Informationen ausweisen zu lassen, die seinen jeweiligen Bedürfnisse gerecht werden. Üblicherweise werden in den Knoten mindestens Anfangsdatum, Enddatum und Dauer wiedergegeben.

Anwendung findet der Netzplan vor allem dann, wenn es darauf ankommt, die Beziehungen zwischen den Vorgängen zu durchblicken. Soll hingegen festgestellt werden, was zu einem bestimmten Zeitpunkt abläuft, so eignet sich die Darstellung als Balkenplan eher.

2.5 Terminliste

Die einfachste Form der Darstellung ist die Terminliste, die je Vorgang der Anfangs- und Enddatum enthält (vgl. Abb. 6, D).

Die Terminliste bietet den Vorzug, dass sie ohne grafische Elemente auskommt und somit nicht falsch interpretiert werden kann. Zudem kann Sie auf DIN-A4 ausgedruckt werden und ist daher auch für die schriftliche Kommunikation mit den Beteiligten gut geeignet.

Sie wird hauptsächlich eingesetzt, wenn Termine einfach und übersichtlich dargestellt werden sollen und es für den Adressaten nicht auf den Gesamtzusammenhang ankommt, beispielsweise in der Anlage zu einer Ausschreibung.

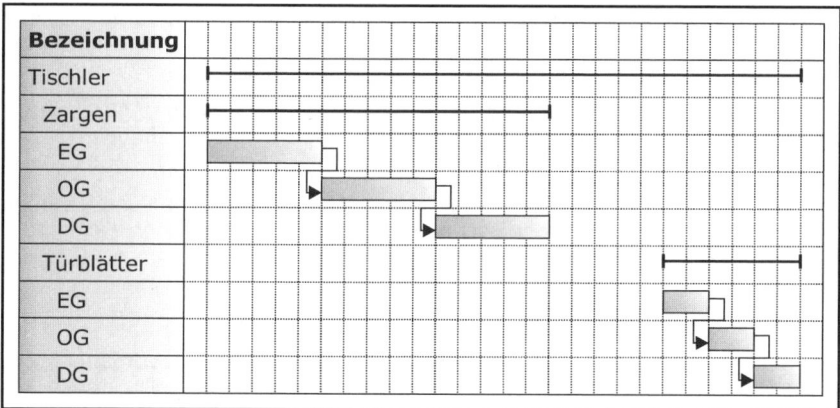

Abbildung 7: **Sammelvorgänge im Terminplan**

3 Begriffe

3.1 Vorgang

Tätigkeiten werden in Terminplänen als Vorgänge dargestellt. Ein **Vorgang** ist also die Visualisierung einer einzelnen Tätigkeit im Terminplan.

Je enger Terminvorgaben gesteckt werden, desto kleinteiliger wird in der Regel auch das Vorgangsgeflecht, weil durch einen höheren Zeitdruck die Feinheiten immer stärker durchleuchtet werden müssen.

Der Einheitlichkeit der Terminologie wegen, wird im Folgenden auch dann von Vorgängen gesprochen, wenn diese sich aus mehreren Tätigkeiten subsummieren.

3.2 Sammelvorgang

Ein **Sammelvorgang** bildet die „Summe" mehrerer Vorgänge in der Weise ab, dass er mit dem frühesten Vorgang beginnt und mit dem am spätesten endenden Vorgang endet (Vgl. Abb. 7).

In der Terminplanung werden Sammelvorgänge gerne genutzt, um den Terminplan zu gliedern. Sammelvorgänge können auch verschachtelt werden, um eine mehrstufige Hierarchie zu erfassen.

> **Beispiel**
>
> Der Sammelvorgang „Tischler" in Abb. 7 setzt sich aus den Sammelvorgängen „Zargen" und „Türblätter" zusammen.

Die Terminplanungsprogramme bieten dem Bauleiter die Möglichkeit, einzelne Hierarchieebenen gezielt ein- oder auszublenden, um die Informationsfülle der Darstellung zu verändern. Bei einer sinnvollen Gliederung des Terminplans können so den einzelnen Beteiligten durch Ausblenden der übrigen Sammelvorgänge ihre „eigenen" Terminpläne zur Verfügung gestellt werden, die dann entsprechend übersichtlicher sind.

3.3 Meilenstein

Ein Ereignis, das seinem Sinn nach einem Zeitpunkt entspricht – also keine Dauer besitzt, wird im Terminplan durch das Symbol ◇ visualisiert. Man spricht von einem Meilenstein.

Meilensteine kennzeichnen im Terminplan regelmäßig besonders wichtige Fortschritte, von denen weitere Vorgänge abhängen.

Beispiel
Wichtige Meilensteine der Baudurchführung sind „Baubeginn", „Rohbau fertig", „Hülle dicht" und „Fertigstellung" (vgl. B.5.3.2).

3.4 Ressourcen

Ressourcen sind Personal und Geräte, die für die Durchführung eines Vorgangs benötigt werden. Oftmals wird der Begriff Kapazität synonym verwendet.

Die Kenntnis des Ressourceneinsatzes, der einem Vorgang zu Grunde liegt, ist für den Bauleiter während der Bauüberwachung notwendig, um anhand der auf der Baustelle tatsächlich eingesetzten Ressourcen prüfen zu können, ob ein Unternehmer ausreichend viel Personal und Gerät bereitstellt. Vgl. hierzu ausführlich unter D.5.4.

4 Terminplanung der Planung

4.1 Prüfung der Terminvorgaben des Bauherrn

Die Terminvorgaben von Bauherren beziehen sich in den meisten Fällen auf den Fertigstellungstermin des Bauprojektes. Es ist verständlich, dass der Bauherr in der Regel einen hohes Interesse an der frühen Nutzung seiner Immobilie hat und dass er daher auch enge Terminvorgaben treffen möchte.

Es ist jedoch von Anfang an zu prüfen, die Vorstellungen des Bauherrn prüfen. Hierzu kann durch eine überschlägige Ermittlung die Bauzeit ermittelt werden und der verbleibende Zeitraum bis zum Baubeginn im Hinblick z.B. auf Vorlaufzeiten[11] geprüft werden (vgl. Abb. 8, Oben).

Im Zweifelsfall sollte der kritische Weg (vgl. B.6.1) noch einmal detaillierter untersucht werden. Im Wesentlichen kann im Fall einer unrealistischen Terminvorgabe

- die Bauzeit geändert werden (vgl. B.4.2.1),
- die Planung beschleunigt werden (vgl. B.4.2.2) oder
- die Terminvorgabe geändert werden.

4.2 Frühe Maßnahmen der Terminsteuerung

In den frühen Phasen eines Bauprojektes ist die Möglichkeit, Termine zu beeinflussen noch am Größten, weil noch Eingriffsmöglichkeiten vorhanden sind, die sich stark auf die Terminplanung auswirken.

In den folgenden Kapiteln soll exemplarisch besprochen werden, welche Möglichkeiten der Terminsteuerung vorhanden sind und wie der Bauleiter diese für sich nutzen kann.

Beispiel

Schon in einem frühen Planungsstadium wird klar, dass eine Baudurchführung in Ortbetonbauweise zu lange dauern würde. Es wird daher der Einsatz von Fertigteilen eingeplant.

4.2.1 Reduktion der Bauzeit

Die Dauer der Baudurchführung wird maßgeblich durch die Bauverfahren (vgl. B.5.2.3) und die Fertigungsmengen (vgl. B.5.2.7) bestimmt.

Liegen keine eigenen Erfahrungswerte zu den Ausführungsdauern bestimmter Bauverfahren vor, so empfiehlt sich der Anruf bei einem Fachvertreter der Baustoffindustrie oder bei einem ausführenden Unternehmen. Bei seinen Gesprächen sollte der Bauleiter stets auch die Baukosten im Blick haben und auch diese Annahmen mit diskutieren.

---

11 Vgl. D.4.4.

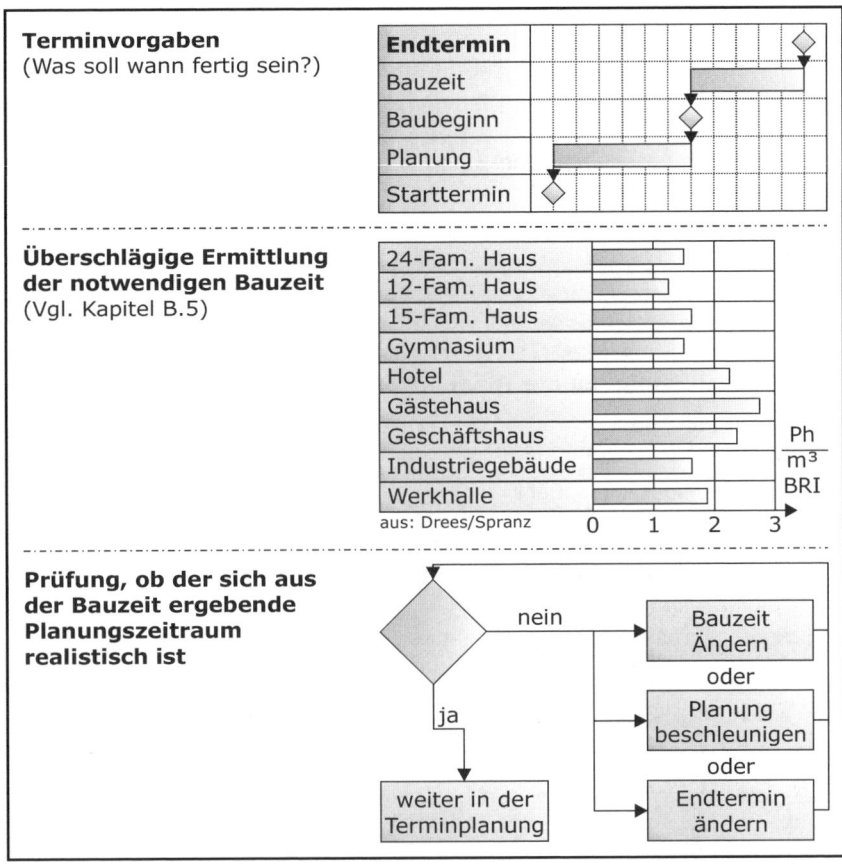

Terminvorgaben (Was soll wann fertig sein?)	Endtermin
	Bauzeit
	Baubeginn
	Planung
	Starttermin

Terminvorgaben
(Was soll wann fertig sein?)

Endtermin
Bauzeit
Baubeginn
Planung
Starttermin

Überschlägige Ermittlung der notwendigen Bauzeit
(Vgl. Kapitel B.5)

24-Fam. Haus
12-Fam. Haus
15-Fam. Haus
Gymnasium
Hotel
Gästehaus
Geschäftshaus
Industriegebäude
Werkhalle
aus: Drees/Spranz

$\frac{Ph}{m^3}$ BRI
0 1 2 3

Prüfung, ob der sich aus der Bauzeit ergebende Planungszeitraum realistisch ist

nein → Bauzeit Ändern
oder
Planung beschleunigen
oder
ja → weiter in der Terminplanung
Endtermin ändern

Abbildung 8: Prüfung von bauherrenseitigen Terminvorgaben

Eine Möglichkeit, die Ausführungsdauer zu reduzieren, besteht darin, die Menge der eingesetzten Ressourcen zu erhöhen, beispielsweise durch die Einteilung in Teillose und die Beauftragung mehrerer Auftragnehmer für die Fliesenarbeiten (vgl. D.3).

Damit dann aber der Bauablauf frei von Störungen funktionieren kann, ist eine entsprechend detaillierte Einteilung der Bauabschnitte notwendig (vgl. B.5.2.1), die einen erhöhten Koordinationsaufwand für den Bauleiter bedeutet.

Schließlich ist zu klären, ob mit Inbetriebnahme der Immobilie sämtliche Teile voll zur Verfügung stehen müssen.

Beispiel

Der Bauherr möchte bei seinem Altenwohnheim zum Zeitpunkt der Inbetriebnahme zunächst nur eine Etage belegen. Die Belegung der weiteren Etagen erfolgt monatsweise.

Solche Überlegungen sollte der Bauleiter schon früh mit dem Bauherrn auch in den Fällen besprechen, in denen die Einhaltung der Termine zunächst problemlos möglich erscheint. Entstehen dann später Terminprobleme, kann der Bauleiter auf seine Überlegungen zurückgreifen und Vorschläge erarbeiten.

4.2.2 Beschleunigung des Planungsprozesses

In wie weit der Planungsprozesses beschleunigt werden kann, ist nur im Dialog mit den an der Planung Beteiligten zu klären.

Als Diskussionsbasis empfiehlt sich die Auflistung der zu erarbeitenden Ergebnisse und den zwischen den Ergebnissen vorhandenen Abhängigkeiten. Nur so kann festgestellt werden, wer wann welche Ergebnisse in welchen Bearbeitungszeiträumen zu erarbeiten hat.

Dabei sollte man stets im Blick haben, dass für einzelne Tätigkeiten nicht die „druckreifen" Fassungen der Ergebnisse notwendig sind. Ausschreibungen beispielsweise können auf Basis einer Beschreibung der Qualitäten bzw. mit einer Auflistung der Anforderungen und einer Festlegung des Einsatzbereiches auch mit Hilfe von relativ „groben" Zeichnungen gut erstellt werden.

Beispiel

Die Festlegung von Einzelheiten der Ausführung ist oft schon Monate vor Baubeginn notwendig, weil der Vergabeprozess einen entsprechend langen Vorlauf benötigt.

4.3 Ermittlung des Planungsgeflechtes

Der auftraggeberseitige Bauleiter kann einige Vorgänge nur mittelbar beeinflussen, weil er von **weiteren Projektbeteiligten** begleitet wird, die für ihre Fachgebiete verantwortlich sind. So werden schon bei kleineren Projekten Fachingenieure hinzugezogen, die dann auch die Baudurchführung „ihrer" Handwerker kontrollieren.

Es ist dabei Aufgabe des Projektleiters, mit diesen Beteiligten in vertrauensvoller Zusammenarbeit ein **abgestimmtes Termingerüst** in Form eines Projektorientierten Terminplans zu erarbeiten.

In diesem sollte festhalten werden, wann welche Ergebnisse der Beteiligten zur Prüfung vorgelegt werden. Diese Vorgehensweise hat nichts mit Kontrolle von Kollegen zu tun, sondern dient dem Bauleiter dazu sicherzustellen, dass:

• die zugesagten Termine eingehalten werden und

• die vorgelegten Ergebnisse den Anforderungen entsprechen.

Im eigenen Interesse empfiehlt sich für den Projektleiter ein kurzer Hinweis vor Fristablauf, der mindestens eine Woche vorher erfolgen sollte.

Beispiel

... Gemäß dem mit ihnen abgestimmten Projektorientierten Terminplan wollen Sie am 23.September die Ergebnisse Ihrer Vergaben vorlegen.

In diesem Zusammenhang möchte ich Sie bereits freundlich um einen Terminvorschlag bitten. Gegebenenfalls können Sie mir bereits erste Ergebnisse übermitteln. ...

In dem Fall, dass die Termine nicht gehalten werden können oder die Ergebnisse nicht zufriedenstellend sind, besteht eine frühere Möglichkeit gegenzusteuern.

Oftmals ist den Beteiligten gar nicht klar, welche Auswirkungen eine Terminverzögerung in ihrem Bereich auf den Gesamtablauf des Bauprojektes hat. Hier empfiehlt es sich, den Projektbeteiligen aufzuzeigen, welche Wichtigkeit ihre Ergebnisse für die übrigen Beteiligten haben.

Checkliste

O Kenne ich alle an der Planung Beteiligten?

O Weiß ich, wer welche Ergebnisse erarbeiten soll?

O Kenne ich die Ergebnisse, die für die Baudurchführung und ihre Vorbereitung notwendig sind?

O Kenne ich die Abhängigkeiten der Ergebnisse untereinander?

O Kenne ich den Inhalt der Baugenehmigung, etwaiger Zuwendungsbescheide oder sonstiger wichtiger Unterlagen?

4.4 Ankoppeln der Baudurchführung

Wie die Baudurchführungstermine mit den Terminen der Bauplanung verwoben werden können, wird noch ausführlich unter D.4.4 besprochen.

5 Terminplanung der Baudurchführung

5.1 Überschlägige Ermittlung der Bauzeit

Im frühen Stadium der Terminplanung stellt sich die Frage nach der **Bauzeit**. Dabei ist zu diesem Zeitpunkt noch keine detaillierte Terminplanung notwendig, sondern zunächst eine „erste Hausnummer" in Bezug auf die Ausführungsdauer.

Sofern der Bauleiter die Dauer der Baudurchführung nicht auf Grund seiner Berufserfahrung abschätzen kann, stehen für verschiedenen Gebäudetypen grobe Kennwerte in Bezug auf den Aufwand zur Erstellung des Rohbaus als Hilfsmittel zur Verfügung. Die Kennwerte in Abb. 8, Mitte aus Drees/Spranz geben die Verbrauch an Personenstunden pro Kubikmeter BRI[12] für konventionelle Bauverfahren an.

Mit Hilfe dieser Kennwerte kann errechnet werden:

d) wie viel Personal für die Erstellung des Rohbaus bei vorgegebener Bauzeit erforderlich ist oder

e) welche Bauzeit bei vorgegebener Anzahl Arbeitskräfte zu erwarten ist.

zu a) Ermittlung der erforderlichen Anzahl Arbeitskräfte

Zunächst ist die Anzahl der erforderlichen Personenstunden (Ph) über den Kennwert und den BRI des Bauprojektes zu ermitteln. Aus der Division durch die vorgesehene Bauzeit ergibt sich die Anzahl der erforderlichen Arbeitskräfte.

Beispiel

Für ein Hotel mit einem Rauminhalt von 7.500 m³ BRI sind im Schnitt 2,2 Ph/m³ BRI erforderlich (vgl. Abb. 8, Mitte)[13], also 16.500 Ph.

Sieht man eine Bauzeit von fünf Monaten (20 Wochen) vor, so können in dieser Zeit pro Arbeitskraft 800 Ph (20 Wochen x 5 Tage pro Woche x 8 Personenstunden pro Tag) erbracht werden.

Es sind also etwa 21 Arbeitskräfte (16.500 Ph / 800 Ph pro Arbeitskraft) erforderlich.

---

12 Bruttorauminhalt nach DIN 277.
13 Datenquelle: Drees/Spranz.

Es leuchtet ein, dass mit Hilfe dieses Verfahrens keine exakte Aussage zur tatsächlich notwendigen Anzahl der Arbeitskräfte gemacht werden kann; vielmehr dient es dazu, eine ungefähre Vorstellung davon zu bekommen, welcher Aufwand mit der Erstellung der Rohbaus verbunden ist und ob die ermittelten Kapazitäten realistisch sind.

zu b) Ermittlung der Bauzeit bei vorgegebener Anzahl Arbeitskräfte

Kann abgesehen werden, welche Anzahl von Arbeitskräften noch realistisch auf der Baustelle eingesetzt werden kann, so kann die Berechnung der Bauzeit des Rohbaus direkt ermittelt werden.

Beispiel

Für ein 12-Familien-Haus mit einem Rauminhalt von 5.000 m³ BRI sind im Schnitt 1,3 Ph/m³ BRI erforderlich (vgl. Abb. 8, Mitte), also 6.500 Ph.

Sieht man eine Anzahl von 15 Arbeitskräften als realistisch an und kann eine Arbeitskraft pro Tag acht Stunden arbeiten, so ergibt sich die Bauzeit als 6.500 Ph/(8 Ph pro Arbeitskraft und Tag x 15 Arbeitskräfte) zu ca. 55 Tagen. Das entspricht einer Bauzeit von ca. drei Monaten.

Deutung der Ergebnisse

Das zuvor beschriebene Verfahren bietet naturgemäß nur einen ersten Anhaltswert für die Abschätzung der Dauer des Vorgangs „Rohbau" in der Projektorientierten Terminplanung.

Falls die erste Abschätzung den bisherigen Annahmen deutlich widerspricht, muss eine nähere Untersuchung durch die Fortschreibung in Richtung einer Produktionsorientierten Terminplanung erfolgen.

Bestätigt die nähere Untersuchung ebenfalls Differenzen zu den bisherigen Annahmen, so können ggf. die unter B.4.2 besprochenen Maßnahmen greifen.

5.2 Ermittlung der Vorgänge (Vorgangplanung)

Terminplanung

(A) Dauerplanung

Innenputz	
Estrich	
Fliesen	
Maler	
Oberboden	

(B) Ablaufplanung

Innenputz	
Estrich	
Fliesen	
Maler	
Oberboden	

Abbildung 9: Schematische Darstellung von Vorgang- und Ablaufplanung

Im Folgenden wird die Terminplanung in:

- die **Vorgangplanung**, in der die Vorgänge und ihre Dauern ermittelt werden, und

- die **Ablaufplanung**, die die Verknüpfungen herstellt und so den „Ablauf" generiert,

unterteilt (vgl. Abb. 9).

Die **Vorgangplanung** befasst sich mit der Frage, welche Vorgänge der Planung oder Baudurchführung bedeutsam sind und welche Dauer die Vorgänge haben.

Die **Ablaufplanung** beschäftigt sich mit den Abhängigkeiten zwischen den Vorgängen und geht der Frage nach, wie die zahlreichen Vorgänge eines Terminplans in einen optimalen Ablauf gebracht werden können und ermittelt so schließlich auch die Termine der einzelnen Vorgänge.

Die Vorgangplanung wird unter B.5.2 besprochen; die Ablaufplanung unter B.5.3.

5.2.1 Bauabschnitte

Als **Bauabschnitt** wird der kleinste Bereich eines Gebäudes bezeichnet, der im Terminplan gesondert ausgewiesen ist.

Bei der Baudurchführung ist es sinnvoll, ein **paralleles Arbeiten** der ausführenden Unternehmen zu ermöglichen, **ohne dass diese in einem gemeinsamen Bauabschnitt arbeiten**. Das kann beispielsweise durch Teilung eines größeren Abschnitts in zwei kleinere Abschnitte erfolgen, in denen die ausführenden Unternehmen dann getrennt von einander arbeiten können.

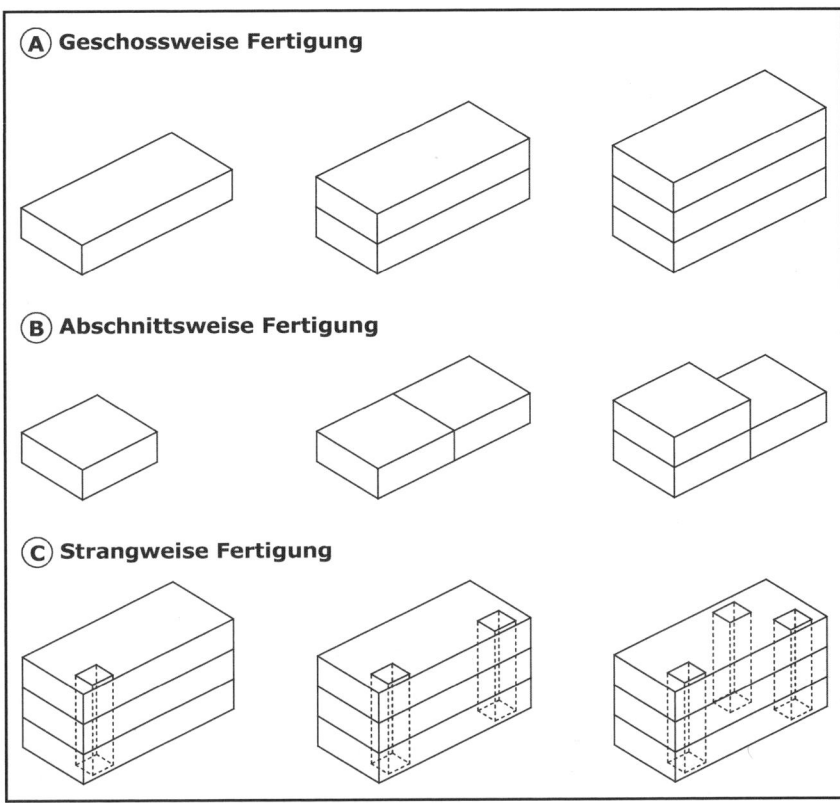

Abbildung 10: Einteilungsmöglichkeiten von Bauabschnitten

Durch ein getrenntes Arbeiten der Unternehmen kann sichergestellt werden:

• dass sich die Unternehmen nicht wechselseitig behindern und

• dass Beschädigungen, Verunreinigungen oder Ähnliches einem Unternehmen zweifelsfrei zugeordnet werden können.

In der Terminplanung gilt daher der Grundsatz: Ein Abschnitt – ein Unternehmen.

Einer Einteilung der **Bauabschnitte** hat zunächst die Überlegung voranzugehen, welcher Teil der Baudurchführung:

- geschossweise,
- abschnittsweise oder
- strangweise

erfolgen soll (vgl. Abb. 10).

Eine **geschossweise Fertigung** kommt vor allem bei kleineren und mittleren Projekten in Betracht, weil die kleinste Einteilung der Terminplanung das Geschoss ist. Ein Vorzug der geschossweisen Fertigung besteht darin, dass innerhalb eines Geschosses i.d.R. genug Ausweichmöglichkeiten vorhanden sind, die genutzt werden können wenn es zu Störungen kommt (vgl. Abb. 10, A).

Eine **abschnittsweise Fertigung** teilt das Gebäude – zusätzlich zur Unterteilung in Geschosse – in Abschnitte auf (vgl. Abb. 10, B). Die zusätzliche Unterteilung hat für die Terminplanung im Wesentlichen zwei Konsequenzen:

- Die Terminplanung wird umfangreicher, weil die Anzahl der Vorgänge des Terminplans mit zunehmender Anzahl Bauabschnitte zunimmt.
- Die Dauer der Baudurchführung wird reduziert, weil durch die zunehmende Unterteilung eine größere Überlappung erreicht werden kann.

Bei der Einteilung der Bauabschnitte ist zu bedenken, welcher Detaillierungsgrad erforderlich ist. Auf der einen Seite führt eine zusätzliche Unterteilung zu einer Verkürzung der Bauzeit; auf der anderen Seite zu einem erhöhten Bauleitungsaufwand zur Sicherstellung der Einhaltung der Termine.

Damit die verschiedenen Vorgänge im Zuge der Ablaufplanung besser koordiniert werden können, sollte zudem darauf achten werden, dass die Fertigungsmengen der einzelnen Abschnitte ungefähr gleich groß sind.

Die **strangweise Fertigung** ist vornehmlich bei den haustechnischen Leistungsbereichen anzutreffen, weil diese ihre Leitungen strangweise montieren (vgl. Abb. 10, C).

Für den Bauleiter besteht die Schwierigkeit darin, die verschiedenen Einteilungen so zu kombinieren, dass die Kompatibilität weiter gewährleistet ist.

Beispiel

Damit die Installation eines Strangs der Haustechnik erfolgen kann, müssen sämtliche Abschnitte, die an dem Strang liegen, entsprechend weit voran geschritten sein.

Zuletzt ist durch den Bauleiter zu bedenken, dass die vorgesehene Einteilung des Gebäudes von den ausführenden Unternehmen nachvollzogen werden muss.

Die Bezeichnung der Bauabschnitte sollte daher so einfach wie möglich gewählt werden. Kommen verschiedenen Gliederungsarten bei einer Baumaßnahme zum Einsatz, so ist zudem auf eine gute Unterscheidbarkeit der Bezeichnungen zu achten, um ein versehentliches Arbeiten in falschen Bereichen zu verhindern.

Beispiel

Der Bauleiter bezeichnet die Abschnitte der abschnittsweisen Fertigung mit A, B und C, die Abschnitte der strangweisen Fertigung jedoch mit 1,2 und 3.

5.2.2 Vorgänge bestimmen

Die Ermittlung der Vorgänge, die in einen Terminplan aufzunehmen sind, erfolgt durch den Terminplaner oft in der Weise, dass er den Bauablauf antizipiert und die ihm dabei „einfallenden" Vorgänge in die Terminplanung aufnimmt.

Diese Vorgehensweise hat den Nachteil, dass:

- wichtige Vorgänge übersehen werden können und
- unbedeutend erscheinende Vorgänge erst gar nicht ihren Weg in die Terminplanung finden.

Es ist daher aus Sicht des Autors sehr zu empfehlen, die Bestimmung der Vorgänge systematisch und nachvollziehbar vorzunehmen.

Als Basis für die Ermittlung der während der Baudurchführung anfallenden Vorgänge bietet sich die **ausführungsorientierte Baubeschreibung** an, die noch unter D.2.1.2 ausführlich beschrieben wird und so neben der Kostenermittlung, der Ausschreibung und der Abrechnung noch einen weiteren Anwendungsbereich findet.

Baubeschreibung			Terminplanung							
Bezeichnung	**Dauer**		**Bezeichnung**	**Dauer**						
Putzarbeiten			Putzarbeiten							
Putz A	7 Tage	Einlesen	Putz A	7 Tage						
Putz B	5 Tage	→	Putz B	5 Tage						
Malerarbeiten			Malerarbeiten							
Anstrich A	6 Tage		Anstrich A	6 Tage						
Anstrich B	4 Tage		Anstrich B	4 Tage						

Abbildung 11: Übernahme der Bauelemente der Baubeschreibung in die Terminplanung

Die ausführungsorientierte Baubeschreibung enthält sämtliche Bauelemente aus denen sich ein Bauprojekt zusammensetzt und ist bereits systematisch strukturiert.

Die im Folgenden beschriebene Berechnung der Vorgangsdauern kann durch den Einsatz einer Tabellenkalkulation komfortabel innerhalb der Baubeschreibung erfolgen.

Auf Grund Ihrer Tabellenstruktur kann die Baubeschreibung sogar direkt in eine Vielzahl der aktuellen Terminplanungsprogramme eingelesen werden. Der Bauleiter hat so bereits eine erste Basis für den Terminplan (vgl. Abb. 11): die erste Dauerplanung.

Der Bauleiter kann diese Basis durch das Zusammenfassen von Bauelementen bzw. durch Weglassen derjenigen Bauelemente, die keinen terminliche Relevanz besitzen, fortschreiben.

Dabei ist für jedes Bauelement zu prüfen:

- ob seine Aufnahme in den Terminplan notwendig ist,
- ob gegebenenfalls die Ausführung mit weiteren Bauelementen zusammenfallen kann oder
- ob die Ausführung in mehreren Schritten erfolgen muss.

> **Beispiel**
>
> Die verschiedenen Typen von Trockenbauwänden werden im Terminplan zum Vorgang „Trockenbauwänden" zusammengefasst, der in die Vorgänge „Beplankung 1. Seite" und „Beplankung 2. Seite" aufgespalten wird, um den Einbau der Haustechnik in die Wände zu ermöglichen.

Als **Hierarchie für die Terminplanung** der Baudurchführung bietet sich aus Auftraggebersicht an:

- **Vergabeeinheit,**
  die ausgewiesen werden sollte, um die notwendigen Vorlaufzeiten für den Planung- und Ausschreibungsprozess ankoppeln zu können,

- **Leistungsbereich,**
  der dargestellt werden sollte, um den ausführenden Unternehmen einen „eigenen" Terminplan für ihre Leistungen übermitteln zu können,

- **Bauelement,**
  das als Hierarchieebene dienen sollte, damit klar ist, was zu einem bestimmten Zeitpunkt zu erbringen ist und

- **Bauabschnitt,**
  der angibt, wo ein ausführendes Unternehmen seine Leistung erbringen soll.

In der Praxis kommen auch andere Gliederungen zum Einsatz, die für den jeweiligen Einzelfall möglicherweise besser geeignet sind. Der Bauleiter sollte jedoch schon beim Anlegen der ersten Struktur bedenken, welche Gliederung für das Bauvorhaben am Besten geeignet ist.

Eine Terminplanung, die in ihrer Struktur kompatibel zu den restlichen Informationen ist, kann auch als Basis für weitere Erkenntnisse genutzt werden; beispielsweise für die Mittelbedarfsplanung. Bei der vorgeschlagenen Struktur und Vorgehensweise können jedem Vorgang (Bauelement) die Kosten aus der Kostenermittlung zugewiesen werden.

Beispiel

Aus dem Terminplan können die Ausführungstermine für die Baudurchführung direkt abgelesen werden. Der Terminplan kann daher ohne Weiteres auch für den Ausschreibungsprozess genutzt werden.

5.2.3 Bauverfahren

Als **Bauverfahren** bezeichnet man den Herstellprozess, der zur Erstellung eines Bauelementes anfällt. Bei den Rohbauarbeiten sind Bauverfahren beispielsweise Ortbeton-, Teilfertigteil- und Fertigteilbauweise.

Der Wahl der Bauverfahren kommt in Bezug auf die Terminplanung eine große Bedeutung zu, weil die Geschwindigkeit der Baudurchführung wesentlich von den Bauverfahren abhängt.

5.2.4 Aufwandswert

Ein **Aufwandswert** gibt den zeitlichen Aufwand zur Erstellung pro Mengen-einheit an. Üblicherweise wird der Aufwandswert in Personenstunden pro Einheit ermittelt.

Die Formel zur Ermittlung des Aufwandswerts lautet:

$$\text{Aufwandswert AW} = \frac{\text{Anzahl der Personenstunden Ph}}{\text{ausgeführte Menge M}}$$

Aufwandswerte werden ermittelt, um Baustellen mit unterschiedlich Perso-nalstärken miteinander vergleichen zu können. Innerhalb gewisser Grenzen kann man davon ausgehen, dass die Leistung zur Anzahl der eingesetzten Ressourcen proportional ist (vgl. B.3.4).

Auftragnehmerseitige Bauleiter ermitteln beispielsweise zu Kontrollzwecken den Ist-Aufwandswert einer Baustelle und können an diesem – im Vergleich mit dem Soll-Aufwandswert – erkennen, ob die Baudurchführung so läuft, wie geplant.

Bei der Verwendung von Aufwandswerten kommt es darauf an, den Auf-wandswert zu verwenden, der dem eingeplanten Bauverfahren am ehesten entspricht.

In Anbetracht der in einem Aufwandswert enthaltenen „Toleranzen" (Größe der Baustelle, ungestörter Bauablauf, Qualität der Mitarbeiter und Baustoffe etc.) kommt der Wahl eines geeigneten Aufwandes eine wesentliche Bedeu-tung zu – der Ausgleich eines Fehlers im Aufwandwert ist auch durch eine noch so akribische Ermittlung der Fertigungsmengen[14] nicht wettzumachen.

Beispiel

Der Aufwandswert für Deckenschalungen variiert je nach Schalungstyp und Einsatzhäufigkeit zwischen 0,5 und 1,5 Ph/m². Die Verwendung des falschen Aufwandswerts kann möglicherweise erhebliche Abweichungen in der Terminplanung nach sich ziehen.

Eine Liste einiger wesentlicher Aufwandswerte findet sich in Anhang 3.

5.2.5 Leistungswert

Ein **Leistungswert** gibt die Leistung von Ressourcen je Zeiteinheit an und findet im Bauwesen hauptsächlich in Bezug auf Geräte Anwendung.

Die Formel zur Ermittlung des Leistungswerts lautet:

$$\text{Leistungswert LW} = \frac{\text{ausgeführte Menge M}}{\text{Zeiteinheit [h]}}$$

---

14 Vgl. B.5.2.7.

Im Gegensatz zu Aufwandswerten werden Leistungswerte vornehmlich dann eingesetzt, wenn die Leistungen nicht von der Anzahl des eingesetzten Personals sondern von der Leistungsfähigkeit eines Gerätes abhängt.

5.2.6 Kolonnengrößen

Viele Tätigkeiten in der Baudurchführung können nicht von einer einzelnen Person durchgeführt werden, weil die Bauverfahren auf eine bestimmte Anzahl von Arbeitskräften zugeschnitten sind. Eine Menge an Arbeitnehmern, die gemeinsam in einer Gruppe tätig sind, bezeichnet man als **Kolonne**.

Um Beurteilen zu können, wie lange die Ausführung eines Vorgangs dauern wird, benötigt der Bauleiter eine Vorstellung von der Kolonnengröße, die er bei einem Vorgang ansetzen kann.

Für bestimmte Tätigkeiten haben sich in der Praxis bestimmte Kolonnengrößen als sinnvoll erwiesen. Diese Kolonnengrößen werden i.d.R. auch von den Auftragnehmern eingesetzt.

Leistungsbereich	Kolonnengröße
Trockenbauarbeiten	4
Putzarbeiten	3
Estricharbeiten	3
Fliesenarbeiten	2
Malerarbeiten	4
Bodenbelagsarbeiten	2

Abbildung 12: Typische Kolonnengrößen verschiedener Leistungsbereiche

Für einige Leistungsbereiche des Ausbaus sind typische Kolonnengrößen in Abb. 12 angegeben.

Auch in Verhandlungen mit Bietern oder Auftragnehmern ist die Kenntnis der zur Termineinhaltung notwendigen Ressourcen ein Diskussionspunkt, auf den noch ausführlich unter D.5 eingegangen wird.

5.2.7 Fertigungsmenge

Die **Fertigungsmenge** ist die Menge, die bei der Erstellung eines Vorgangs erzeugt wird.

Weil die kleinste hier vorgestellte Unterteilung des Terminplans der Bauabschnitt ist, wird in dieser Darstellung davon ausgegangen, dass sich die jeweilige Fertigungsmenge als Menge pro Abschnitt ergibt.

Bei der Mengenermittlung ist darauf zu achten, welche **Mengenermittlungsparameter** den verwendeten Aufwands- und Leistungswerten zu Grunde lagen.

Wurden die Kennwerte auf Basis von abgerechneten Mengen ermittelt, so liegen regelmäßig die Mengenermittlungsparameter der VOB/C zu Grunde; wurden die Werte jedoch anders ermittelt – beispielsweise durch Kalkulation in Bezug auf einen m² Wandanstrich, so ist dies bei der Mengenermittlung zu beachten, um die Ergebnisse realistisch zu halten.

Beispiel

Der Aufwandswert für den Wandanstrich wurde auf Basis abgerechneter Projekte ermittelt. Öffnungen bis 2,5 m² sind nach VOB/C daher zu übermessen.[15]

5.2.8 Vorgangsdauern bestimmen

Die Dauer eines Vorgangs ergibt sich wie folgt:

$$\text{Dauer } D = \frac{\text{Aufwandswert AW} \times \text{Fertigungsmenge M}}{\text{Anzahl Arbeitskräfte AK} \times \text{Tägliche Arbeitszeit TA}}$$

Die **Anzahl der Arbeitskräfte** sollte in der auftraggeberseitigen Terminplanung den üblichen Kolonnengrößen des jeweiligen Leistungsbereiches entsprechen.

Die **tägliche Arbeitszeit** kann in Deutschland mit 8 Stunden angenommen werden.

Es empfiehlt sich, die der Dauer eines Vorgangs zu Grunde liegenden Annahmen zu dokumentieren, um auf Basis dieser Dokumentation:

• Vergabegespräche in Bezug auf die Termine fundiert führen zu können und

• während der Baudurchführung prüfen zu können, ob die eingesetzten Ressourcen den Annahmen der Terminplanung entsprechen.

Bei der Berechnung der Vorgangsdauern unterscheidet sich der Blick des auftraggeberseitigen Bauleiters jedoch grundlegend von dem des auftragnehmerseitigen.

So ist es für die Steuerung der Beteiligten nicht erforderlich, jede Tätigkeit einzeln auszuweisen. Vielmehr reicht es in vielen Fällen aus, die Gesamtdauer bis zur Fertigstellung der Leistung zu kennen.

---

15 Vgl. DIN 18363, Punkt 5.2.1.1.

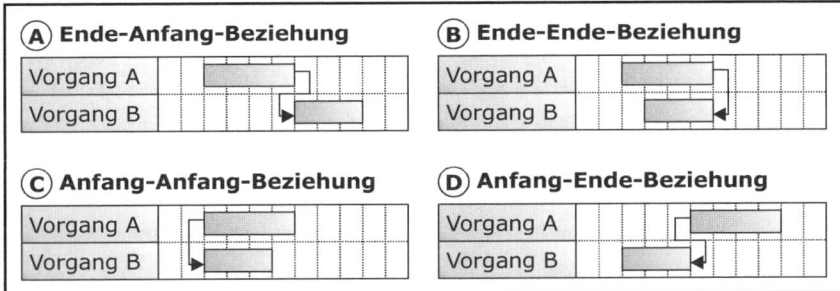

Abbildung 13: Anordnungsbeziehungen zwischen zwei Vorgängen A und B

5.3 Abhängigkeiten zwischen den Vorgängen (Ablaufplanung)

5.3.1 Anordnungsbeziehungen

Im Folgenden soll besprochen werden, wie Abhängigkeiten zwischen zwei Vorgängen in der Terminplanung abgebildet werden können.

5.3.1.1 Ende-Anfang-Beziehung

Soll ein Vorgang B erst dann beginnen, wenn ein Vorgang A abgeschlossen ist, so spricht man von einer **Ende-Anfangs-Beziehung** (vgl. Abb. 13, A).

Diese Anordnungsbeziehung ist die bei Hochbauprojekten mit weitem Abstand am Häufigsten anzutreffen und bestimmt daher die Systematik der meisten Terminpläne.

Beispiel
Der Estrich soll gelegt werden, wenn der Innenputz fertig ist.

5.3.1.2 Ende-Ende-Beziehung

Sollen zwei Vorgänge A und B zum gleichen Zeitpunkt enden, so kommt eine **Ende-Ende-Beziehung** zum Einsatz (vgl. Abb. 13, B).

Sinnvoll ist diese Anordnungsbeziehung insbesondere dann, wenn eine frühe Ausführung des kürzeren Vorgangs eher nachteilig ist. Das kann beispielsweise dann der Fall sein, wenn dem Bauherrn durch die frühere Ausführung höhere Finanzierungskosten entstehen – aber kein Nutzen.

Beispiel
Die Fertigstellung der Außenanlagen soll mit der Fertigstellung des Gebäudes zusammen fallen.

35

5.3.1.3 Anfang-Anfang-Beziehung

Soll ein Vorgang A zusammen mit einem Vorgang B beginnen, so verwendet man eine **Anfang-Anfang-Beziehung** (vgl. Abb. 13, C).

Diese Anordnungsbeziehung eignet sich für Vorgänge, die zusammen starten können – oder sogar müssen – und deren frühe Ausführung Vorteile bietet.

Beispiel

Das Gerüst soll zusammen mit der Gebäudehülle aufgestockt werden.

5.3.1.4 Anfang-Ende-Beziehung

Soll Vorgang B enden, wenn Vorgang A startet, so handelt es sich um eine **Anfang-Ende-Beziehung** (vgl. Abb. 13, D).

Hängt ein Vorgang von einem Folgevorgang in der Art ab, dass der Folgevorgang auf die Fertigstellung angewiesen ist, so sollte diese Anordnungsbeziehung gewählt werden.

Beispiel

Bevor die Feininstallation beginnt, sollen die Innentüren eingebaut sein, um die Bereiche abschließbar zu machen.

5.3.1.5 Zeitabstände

Sollen Zeitabstände zwischen den Vorgängen eingebaut werden, die z.B. als Pufferzeiten (vgl. B.6.1) dienen sollen, so können diese in der Terminplanung zusätzlich berücksichtigt werden.

Während der Baudurchführung treten erfahrungsgemäß bei bestimmten Arbeiten Mängel auf, die beseitigt werden müssen, bevor die nachfolgenden Arbeiten durchgeführt werden können.

Es ist daher ratsam, für diese Mängelbeseitigungmaßnahmen entsprechende Zeitabstände im Terminplan vorzusehen, damit die Überarbeitung der Leistungen nicht parallel zum Folgevorgang durchgeführt werden muss.

Beispiel

Der Terminplaner sieht zwischen den Malerarbeiten und den Bodenbelagsarbeiten einen Zeitabstand von zwei Arbeitstagen vor, der als Pufferzeit zur Mängelbeseitigung dienen soll.

5.3.2   Der Grobablauf der Leistungsbereiche

| Vorbereitung |
| Rohbau |
| Hülle dicht |
| Innenausbau | "Fein" |
| Haustechnik | "Grob" |
| Endausbau |

Abbildung 14: Der Grobablauf der Bauausführung

Der Ablauf der Baudurchführung einer Hochbaumaßnahme folgt einer grundsätzlichen Systematik (vgl. Abb. 14).

Zunächst erfolgt die **Vorbereitung** der Baudurchführung in der ein etwaiger Abriss, die Zuwegung und Freimachung der Baustelle sowie die Baustelleneinrichtung erfolgt.

Nach dem Abschluss der vorbereitenden Maßnahmen erfolgt die Erstellung des **Rohbaus.** Dazu zählen neben den Rohbauarbeiten im engeren Sinne (Erd-, Mauer- und Betonarbeiten) auch Zimmerarbeiten an Dachkonstruktionen, Stahlbauarbeiten und alle weiteren Arbeiten an der tragenden Konstruktion des Gebäudes.

Anschließend ist das Gebäude so zu schließen, dass feuchtempfindliche Arbeiten im Gebäudeinnern durchgeführt werden können. Zur Gebäudehülle zählen die abdichtenden Arbeiten am Dach und der Einbau der Fenster, einer etwaigen Fassade sowie der Außentüren. In vielen Fällen kommen zur Herstellung des Zustands **Hülle dicht** provisorische Abdichtungen wie das Aufbringen zunächst nur der Dampfsperre der Dachabdichtung oder das Verschließen der Gebäudeöffnungen mit Folien oder Bautüren zum Einsatz.

Beim Schließen der Gebäudehülle muss schon bei kleineren Bauprojekten die Abführung des Niederschlagswassers im Inneren des Gebäudes gewährleistet sein. Dies erfolgt in der Regel durch die ausführenden **Unternehmen der Haustechnik**, die also schon kurz vor dem Zustand „Hülle dicht" erstmals auf der Baustelle tätig sind.

Im Anschluss erfolgt der **Innenausbau** zu dem u.a. die Trockenbau-, Putz- und Estricharbeiten sowie die Plattierungs-, Maler- und Bodenbelagsarbeiten zählen. Ziel ist es, einen Zustand herzustellen, in dem die Ausstattung des Gebäudes mit Hochwertigerem und Empfindlicherem erfolgen kann.

Parallel zum Innenausbau erfolgt die **Rohinstallation** der Haustechnik, auf die unter B.5.3.3.5 noch ausführlich eingegangen wird.

Im **Endausbau** werden schließlich die Einrichtungsgegenstände eingebracht und die abschließenden Maßnahmen wie die Endreinigung durchgeführt.

In der Regel ist das der Fall, wenn die Wand- und Bodenbeläge fertiggestellt sind und die einzelnen Bereiche vor unbefugtem Zutritt schützbar sind, beispielsweise durch den Einbau der Türblätter und der Schließanlage.

Aus der nachfolgenden Abbildung 15 kann ablesen werden, welcher Phase des Grobablaufs ein Leistungsbereich zuzuordnen ist. Durch die „Einsortierung" der Leistungsbereiche in die entsprechenden Phasen des Grobablaufs erhält der Terminplan eine erste Struktur.

In den folgenden Abschnitten wird auf die einzelnen Phasen des Grobablaufs noch ausführlich eingegangen.

DIN 18xxx	Bezeichnung des Leistungsbereichs/ Beschreibung des Bauelement	VM	RB	GH	IA	HT	EA
300	Erdarbeiten	◊	◊				
330	Mauerarbeiten	◊	◊				
331	Betonarbeiten	◊	◊				
332	Naturwerksteinarbeiten			◊			
333	Betonwerksteinarbeiten			◊			
334	Zimmer- und Holzbauarbeiten		◊	◊			
336	Abdichtungsarbeiten		◊				
338	Dachdeckungs- und Dachabdichtungsarbeiten		◊	◊			
339	Klempnerarbeiten			◊			
340	Trockenbauarbeiten				◊		
345	Wärmedämm-Verbundsysteme			◊			
350	Putz- und Stuckarbeiten			◊	◊		
351	Vorgehängte hinterlüftete Fassaden			◊			
352	Fliesen- und Plattenarbeiten				◊		
353	Estricharbeiten				◊		
354	Gussasphaltarbeiten		◊		◊		
355	Tischlerarbeiten				◊	◊	
356	Parkettarbeiten				◊		
358	Rolladenarbeiten			◊	◊	◊	
360	Metallbauarbeiten			◊	◊	◊	
363	Maler- und Lackierarbeiten				◊		
364	Korrosionsschutzarbeiten an Stahlbauten		◊		◊		
365	Bodenbelagsarbeiten				◊		
366	Tapezierarbeiten				◊		
367	Holzpflasterarbeiten				◊		
379	Raumlufttechnische Anlagen					◊	
380	Heizanlagen und zentrale Wassererwärmungsanlagen					◊	
381	Gas-, Wasser- und Entwässerungsanlagen innerhalb von Gebäuden					◊	
382	Nieder- und Mittelspannungsanlagen mit Nennspannungen bis 36kV					◊	
384	Blitzschutzanlagen				◊		
385	Förderanlagen, Aufzugsanlagen, Fahrtreppen und Fahrsteige				◊	◊	◊
386	Gebäudeautomation				◊		
451	Gerüstarbeiten				◊		
459	Abbruch- und Rückbauarbeiten	◊					

Abbildung 15: Zuordnung der Leistungsbereiche zu den Projektphasen der Baudurchführung

5.3.3 Der Feinablauf der Vorgänge

5.3.3.1 Vorbereitende Maßnahmen

Um mit der Erstellung des Rohbaus beginnen zu können, sind zahlreiche **vorbereitende Maßnahmen** erforderlich. Hierzu zählen beispielsweise:

- die Herstellung der Zuwegung,
- ein etwaiger Abriss und Freimachung des Baufeldes sowie
- die Baustelleneinrichtung.

In Kapitel C werden diese Maßnahmen noch ausführlich besprochen.

5.3.3.2 Rohbau

Nachdem die grobe Abschätzung der Dauer der Rohbauarbeiten unter B 5.1 besprochen wurde, soll an dieser Stelle eine feinere Untersuchungsmethode vorgestellt werden.

Bei der Detaillierung eines Vorgangs „Rohbau" ist aus auftraggeberseitiger Sicht zu beachten, dass in den wenigsten Fällen eine detaillierte Produktinsorientierte Terminplanung notwendig ist. Vielmehr reicht eine gröbere Betrachtung des Bauablaufes aus.

Zunächst kann durch Anzahl der Bauabschnitte abgeschätzt werden, welche Ausführungsdauer für die Fertigstellung eines Bauabschnittes zur Verfügung steht.

Beispiel

Für die Erstellung des Rohbaus ist ein Zeitrahmen von vier Monaten vorgesehen. Es bietet sich die Einteilung in sieben Bauabschnitte an. Dann steht bei serieller Fertigung für jeden Bauabschnitt ein Zeitrahmen von etwa zwei Wochen zur Verfügung.

Der Bauleiter muss jedoch auch im eigenen Interesse sicher gehen, dass seine **Terminplanung des Rohbaus realistisch** ist.

Hierzu kann für einen oder mehrere Abschnitte überprüft werden, ob der angedachte Zeitrahmen einhaltbar ist. Zur Prüfung eines Terminrahmens reicht es dabei aus, die Tätigkeiten zu betrachten, die auf dem kritischen Weg liegen und diesen auch wesentlich beeinträchtigen können (vgl. B.6.1).

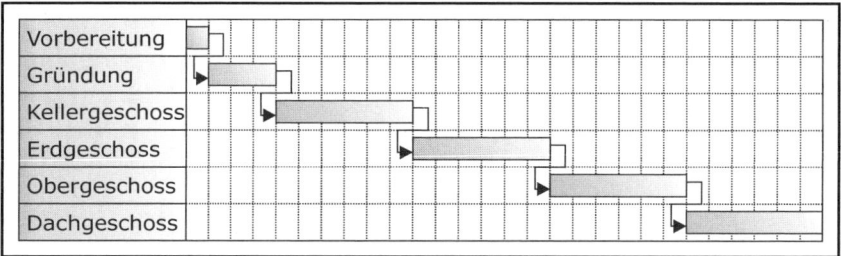

Vorbereitung																																
Gründung
Kellergeschoss
Erdgeschoss
Obergeschoss
Dachgeschoss

Abbildung 16: Beispiel für eine frühe Terminplanung des Rohbaus

5.3.3.3 Gebäudehülle

Viele Arbeiten des Innenausbaus sind feuchteempfindlich. Das Schließen der Gebäudehülle vor Wasser und im Winter vor Kälte ist daher eine wichtige Voraussetzung für die weiteren Arbeiten im Gebäudeinnern.

An der Schließung der Gebäudehülle sind die Leistungsbereiche beteiligt, die Bauelemente erstellen, die für eine dichte Gebäudehülle unerlässlich sind. Hierzu zählt das Dach, die Außentüren und -fenster sowie die sonstigen Durchdringungen der Gebäudehülle.

5.3.3.4 Innenausbau

Zur Koordination des Innenausbaus ist durch den Bauleiter zunächst zu untersuchen, welche Abhängigkeiten zwischen den Vorgängen des Innenausbaus bestehen. Der konkrete Ablauf ergibt sich aus der Auswertung der zahlreichen Abhängigkeiten.

Die folgende Abb. 17 gibt für zahlreiche Leistungsbereiche und Bauelemente einen ersten Hinweis darauf, welche Abhängigkeiten bestehen. Die Tabelle stellt in den Zeilen die jeweiligen Leistungsbereiche bzw. Bauelemente dar und in den Spalten die jeweiligen Vorgänger.

> **Beispiel**
> Bei den Fliesen- und Plattenarbeiten werden die Wandfliesen vor den Bodenfliesen eingebaut.

Welche Abhängigkeiten im konkreten Einzelfall bestehen, ist sorgfältig zu ermitteln. Abb. 17 kann dabei nur als erster Anhaltspunkt dienen.

Wichtigster Ausgangspunkt für die Überlegungen zu den Abhängigkeiten ist die Betrachtung der Übergänge der Bauelemente unter einander.

DIN 18xxx	Bezeichnung des Leistungsbereichs/ Beschreibung des Bauelement	Naturwerksteinarbeiten	Bodenbelag	Wandbekleidung	Betonwerksteinarbeiten	Bodenbelag	Wandbekleidung	Trockenbauarbeiten	Trockenestrich	Doppel-, Hohlraumböden	Trennwände, 1. Seite	Trennwände, 2. Seite	Vorsatzschalen o.ä.	Abgehängte Decke
332	**Naturwerksteinarbeiten**													
a	Bodenbelag			◊				◊		◊	◊	◊	◊	◊
b	Wandbekleidung								◊	◊	◊	◊	◊	
333	**Betonwerksteinarbeiten**													
a	Bodenbelag			◊				◊		◊	◊	◊	◊	◊
b	Wandbekleidung								◊	◊	◊	◊	◊	
340	**Trockenbauarbeiten**													
a	Trockenestrich									?	?	?		
b	Doppel-, Hohlraumböden										?	?	?	
c	Trennwände, 1. Seite								?	?				
d	Trennwände, 2. Seite								?	?	◊			
e	Vorsatzschalen o.ä.								?	?	◊	◊		
f	Abgehängte Decke			◊				◊		◊	◊	◊	◊	
350	**Putz- und Stuckarbeiten**													
a	Wandputz (Innen)										◊	◊	◊	
b	Deckenputz (Innen)										◊	◊	◊	
352	**Fliesen- und Plattenarbeiten**													
a	Bodenbelag			◊				◊		◊	◊	◊	◊	◊
b	Wandbekleidung								◊	◊	◊	◊	◊	◊
353	**Estricharbeiten**									?	?	?		
354	**Gussasphaltarbeiten**									?	?	?		
355	**Tischlerarbeiten**													
a	Zargen aus Holz		◊	◊		◊	◊		◊	◊	◊	◊	◊	◊
b	Zargen aus Metall										◊			
c	Holzglastrennwände		◊	◊		◊	◊		◊	◊	◊	◊	◊	◊
356	**Parkettarbeiten**		◊	◊		◊	◊		◊	◊	◊	◊	◊	◊
360	**Metallbauarbeiten**		?	◊		?	◊		◊	◊	◊	◊	◊	◊
363	**Maler- und Lackierarbeiten**													
a	Innenanstrich		◊	◊		◊	◊		◊	◊	◊	◊	◊	◊
b	Lackierung Türzargen		◊	◊		◊	◊		◊	◊	◊	◊	◊	◊
365	**Bodenbelagsarbeiten**		◊	◊		◊	◊		◊	◊	◊	◊	◊	◊
366	**Tapezierarbeiten**		◊	◊		◊	◊		◊	◊	◊	◊	◊	◊
367	**Holzpflasterarbeiten**		◊	◊		◊	◊		◊	◊	◊	◊	◊	◊
379 ff.	**Haustechnik Roh**								?					

Abbildung 17: Abhängigkeiten einzelner Vorgänge des Innenausbaus untereinander

Die konkrete Ausgestaltung der Detailpunkte eines Gebäudes beeinflusst auch den Bauablauf. Werden Trockenbauwände auf den Estrich gesetzt, so ist deren Ausführung entsprechend später als bei einem Einbau der Wände auf der Rohdecke.

Die Einflechtung der Haustechnik in die Terminplanung wird gesondert unter B.5.3.3.5 besprochen.

Putz- und Stuckarbeiten	Wandputz (Innen)	Deckenputz (Innen)	Fliesen- und Plattenarbeiten	Bodenbelag	Wandbekleidung	Estricharbeiten	Gussasphaltarbeiten	Tischlerarbeiten	Zargen aus Holz	Zargen aus Metall	Holzglastrennwände	Parkettarbeiten	Metallbauarbeiten	Maler- und Lackierarbeiten	Innenanstrich	Türzargen lackieren	Bodenbelagsarbeiten	Tapezierarbeiten	Holzpflasterarbeiten	Haustechnik Roh
◇	◇			◇	◇	◇		◇												◇
◇	◇				◇	◇		◇												◇
◇	◇			◇	◇	◇		◇												◇
◇	◇				◇	◇		◇												◇
◇	◇							◇												◇
◇	◇							◇												◇
?	?				?	?		?												?
?	?				?	?		◇												◇
?	?				?	?		◇												◇
◇	◇			◇	◇	◇		◇												◇
	◇							◇												◇
								◇												◇
◇	◇			◇	◇	◇		◇												◇
◇	◇				◇	◇		◇												◇
◇	◇							◇												◇
◇	◇				?			◇												◇
◇	◇		◇	◇	◇	◇		◇		◇			◇		◇	◇	◇	◇	◇	◇
◇	◇		◇	◇	◇	◇									◇	◇		?	◇
◇	◇		◇	◇	◇	◇				?					◇	◇		◇
◇	◇		?	◇	◇	◇		◇		?			◇		?	◇	?	◇
◇	◇		◇	◇	◇	◇		◇								◇		◇
◇	◇		◇	◇	◇	◇	◇	◇	◇	◇	◇		◇		◇	◇	◇	◇
◇	◇		◇	◇	◇	◇		◇	◇		◇				◇	◇	◇
◇	◇		◇	◇	◇	◇		◇								◇
◇	◇		◇	◇	◇	◇		◇						◇		◇	◇

◇   **Fertigstellung i.d.R. erforderlich**
?   **Fertigstellung oftmals erforderlich**

43

5.3.3.5 Haustechnik

Die Leistungsbereiche der Haustechnik werden schon bei kleineren Projekten durch die Fachingenieure koordiniert und überwacht. Es ist daher der Regelfall, dass der Bauleiter sich mit den Fachingenieuren über die **Einbindung der Haustechnik in den Bauablauf** abstimmt.

Dabei ist mit den Fachingenieuren für Haustechnik abzustimmen, welche Voraussetzung die Arbeiten haben und wie lange sie dauern.

Zusätzlich sollte besprochen werden, welche Abfolge innerhalb der Haustechnik eingehalten werden soll.

An dieser Stelle sei ein Blick auf die Ausführungen unter D.5.3 zur Abschätzung der Leistungsfähigkeit eines Bieters verwiesen, die in gleicher Weise auch für die haustechnischen Leistungsbereiche gelten.

Checkliste

O Ist bekannt, welche baulichen Voraussetzungen erfüllt sein müssen, damit die Arbeiten der Haustechnik beginnen können?

O Ist geklärt, ob die haustechnischen Gewerke mit der Einteilung der Bauabschnitte des sonstigen Ausbaus ausgeführt werden können oder ob eine besondere (strangweise) Bauabschnittseinteilung notwendig ist?

O Sind die Ausführungsdauern der haustechnischen Leistungsbereiche bekannt und die Leistungsfähigkeit der Unternehmen überprüft?

O Es ist geklärt, welche Leistungen von den übrigen Leistungsbereichen erbracht werden sollen (z.B. das Einmörteln von Brandschutzklappen) und wann diese Leistungen ausgeführt werden sollen?

5.3.3.6 Endausbau

Der Endausbau kann erfolgen, wenn:

- keine stark verschmutzenden Arbeiten mehr anfallen,
- die Bodenbeläge weitestgehend fertiggestellt sind und
- sichergestellt ist, dass keine hochwertigen Materialien entwendet werden können.

In welcher Reihenfolge der Endausbau erfolgt, hängt nicht zuletzt von der Wertigkeit der Materialien und deren Empfindlichkeit ab und kann nicht allgemeingültig vorhergesehen werden. Der Bauleiter sollte im Endausbau jedoch beachten, dass gerade bei terminkritischen Bauprojekten der Endausbau schnell im Chaos endet, wenn er nicht entsprechend vorbereitet wird.

Danach kann die Endreinigung erfolgen.

5.3.4 Zu beachtende Punkte

5.3.4.1 Witterung

Obschon die Witterung in den verschiedenen Jahreszeiten für verschiedene Bauverfahren unterschiedlich gut bzw. schlecht sind, werden in einigen Projekten die Bauleiter von der Witterung „überrascht".

Eine Ursache ist oftmals die Verschiebung von Vorgängen von besseren in schlechtere Jahreszeiten. Dabei werden jedoch auf Grund der komfortablen Unterstützung durch Software die Auswirkungen der Witterung übersehen.

Um die Witterungseinflüssen zu berücksichtigen, hat sich folgende Methode als praktikabel erwiesen: Die Leistungen der Ressourcen werden über eine **Äquivalenzzeit** in der Form berücksichtigt, dass die Terminplanung entsprechend „verzerrt" wird.[16]

Dieser Vorgehensweise liegt der Gedanke zu Grund, dass beispielsweise in Winter- oder Urlaubsmonaten nicht die Arbeitsleistung zu erwarten ist, wie in „normalen" Monaten. Um diesen Leistungsabfall zu berücksichtigen, wird die mittlere tägliche Arbeitszeit entsprechend reduziert.

In Gegenden mit relativ mildem Winter kann dieser Leistungsabschlag unter 50 Prozent liegen, wohingegen in Gebieten mit strengem Winter ein Wert deutlich über 50 Prozent anzunehmen ist.

Anwendungsbeispiel

Der Bauleiter reduziert die Arbeitstage in den Wintermonaten um 30 Prozent, um einen üblichen Winter zu berücksichtigen. Die Vorgänge im Terminplan werden bei gleicher Dauer dadurch entsprechen länger.

5.3.4.2 Ressourceneinsatz

Ausführende Unternehmen müssen ihr Personal so disponieren, dass sie alle Bauaufträge bedienen, die das jeweilige Unternehmen angenommen hat. Hierin besteht – auch auf Grund der üblichen Terminverzögerungen im Bauwesen – eine besondere Schwierigkeit für die Unternehmen.

---

16 In den aktuellen Terminplanungsprogrammen kann die tägliche Arbeitszeit von Datum zu Datum individuell eingestellt werden. Verschieben sich Vorgänge in Zeiten mit reduzierter täglicher Arbeitszeit, so verlängern sich diese Vorgänge automatisch. Dabei ist zu beachten, dass die geänderten Kalender nur auf witterungsempfindliche Arbeiten Anwendung finden.

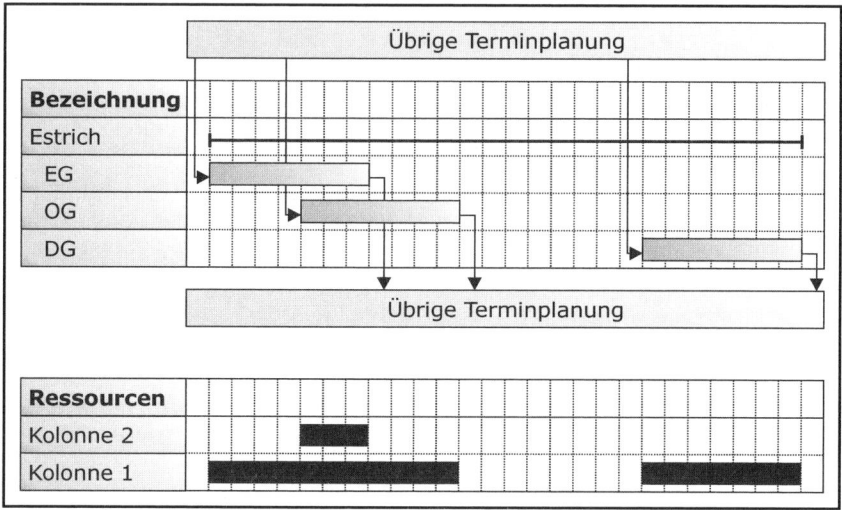

Abbildung 18: Zusammenhang zwischen Terminplanung und Ressourceneinsatz

Eine häufige Ursache für Meinungsverschiedenheiten mit ausführenden Unternehmen sind Ressourcenspitzen oder -lücken in der Terminplanung. Das Beispiel in Abb. 18 verdeutlicht das für den **Ressourceneinsatz** eines Estrichunternehmens.

Bereits nach wenigen Tagen ist der Einsatz einer zweiten Kolonne vorgesehen, die die Arbeiten im OG aufnimmt, jedoch nicht mehr notwendig ist, sobald der Estrich in EG fertiggestellt wurde. Sodann folgt ein längerer Leerlauf. In diesem Beispiel ist davon auszugehen, dass der Estrichleger nur eine Kolonne stellt, die versuchen wird, durchzuarbeiten. Das hat zur Konsequenz:

- der Estrich im OG später fertiggestellt wird als angenommen.
- der Estrichleger bereits früher als vorgesehen im DG zu arbeiten versuchen wird und dort noch laufenden Arbeiten behindert.

Durch Berücksichtigung eines stetigen Ressourceneinsatzes kann der Bauleiter in der Terminplanung bereits späteren Ärger auf der Baustelle vermeiden.

In unserem Beispiel aus Abb. 18 kann dies dadurch erfolgen, dass der Vorgang „Estrich EG" als Vorgänger (Ende-Anfang) des Vorgangs „Estrich OG" und „Estrich DG" definiert wird. Falls dann noch eine signifikante Lücke zwischen „Estrich OG" und „Estrich DG" besteht, können die ersten beiden Vorgänge nach hinten verschoben werden.

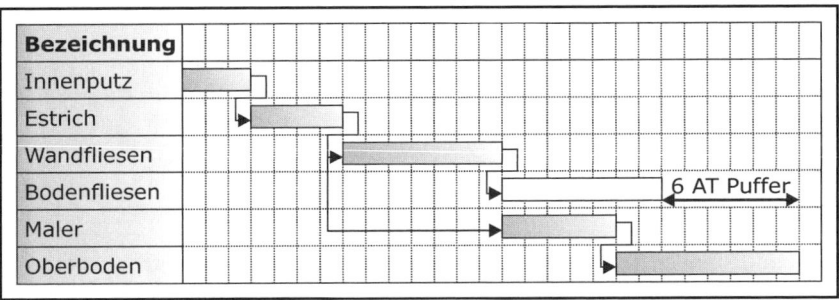

Bezeichnung									
Innenputz									
Estrich									
Wandfliesen									
Bodenfliesen								6 AT Puffer	
Maler									
Oberboden									

Abbildung 19: Kritischer Weg und freie Pufferzeiten

6 Terminsteuerung

6.1 Kritischer Weg und Pufferzeit

Ein Vorgang eines Terminplans liegt dann auf dem **kritischen Weg**, wenn seine Verlängerung sich direkt auf den Endtermin auswirkt.

In Abb. 19 liegen alle Vorgänge – mit Ausnahme der Bodenfliesen – auf dem kritischen Weg.

Im Zusammenhang mit dem kritischen Weg soll hier auch der Begriff der **Pufferzeit** erläutert werden. Unter Pufferzeit wird die Zeitspanne verstanden, um die ein Vorgang nach hinten verschoben werden kann, ohne den Endtermin des Terminplans zu beeinflussen.

Beispiel

Der Vorgang Bodenfliesen in Abb. 19 hat eine Pufferzeit von 6 Arbeitstagen. Der Vorgang kann also bis zu 6 Tagen später fertiggestellt werden, ohne den Endtermin zu beeinträchtigen.

Moderne Terminplanungsprogramme beherrschen die Berechnung des kritischen Weges und der Pufferzeiten. Der Bauleiter kann daher praktisch auf Knopfdruck prüfen, ob sich ein Vorgang direkt auf den Endtermin auswirkt bzw. wie weit man einen Vorgang noch herauszögern kann, bevor es zu Problemen kommt.

6.2 Änderung der Bauverfahren

Die Bauverfahren beeinflussen die Bauzeit wesentlich. Sollten Terminprobleme früh genug erkannt werden, so kann noch über **alternative Bauverfahren** nachgedacht werden.

> **Beispiel**
>
> Anstelle von Ortbetondecken werden Fertigteile eingesetzt.

Vor einer Änderung der Bauverfahren sollte jedoch geprüft werden, ob durch die Modifikation weitere Bauelemente von den Änderungen betroffen sind, beispielsweise Folgegewerke, die andere Oberflächen vorfinden als erwartet.

6.3 Das „Vorziehen" einzelner Bereiche

Das Vorziehen einzelner Bereiche gibt dem Auftraggeber die Möglichkeit, trotz weiter laufenden Bauarbeiten einzelne Bereiche bereits zu nutzen.

Diese Möglichkeit der Verkürzung der Termine findet vornehmlich im Bereich gewerblich genutzter Immobilien Anwendung.

> **Beispiel**
>
> Ein Bürogebäude wird bereits in Teilen in Betrieb genommen.

6.4 Reduktion der Vorlaufzeiten der Baudurchführung

Wie noch ausführlich besprochen wird, benötigt die Baudurchführung einen Vorlauf für Ausschreibung, Angebotsprüfung und Vergabe.[17]

Diese Vorlaufzeiten können gegebenenfalls reduziert werden. Allerdings ist dabei zu beachten, dass die ausführenden Unternehmen in der Regel einen gewissen Vorlauf benötigen, um sich auf die Leistungserstellung einzustellen. Zudem wird durch die Unternehmen durchaus erkannt, warum eine Leistung beispielsweise „freihändig" vergeben werden soll - mit entsprechenden Auswirkungen auf den Angebotspreis.

---

17 Vgl. D.4.4.1.

7 EDV-Einsatz

7.1 Softwarelösungen

Bei der Vielzahl angebotener Terminplanungsprogramme ist es notwendig, Kriterien festzulegen, anhand derer der Terminplaner feststellen kann, ob sich die Software für ihn eignet oder nicht. Zu diesen unabdingbaren Kriterien gehören unter anderem:

- Definition von Größe und Inhalt der Vorgangsfelder,
- Definition von Anordnungsbeziehungen,
- Eingabe von positiven/ negativen Zeitabständen,
- Berechnung der freien und gesamten Pufferzeit,
- möglich Terminbedingungen für Vorgänge und
- Formatierung.

Die wahrscheinlich am häufigsten verwendete Software im Bereich der Terminplanung ist das Programm **Microsoft Project**, das in Bezug auf Oberfläche und Bedienung sehr stark an das ebenfalls weit verbreitete Microsoft Office-Paket angelehnt ist. Dadurch ist das Programm sehr leicht zu erlernen und beinhaltet alle im Hochbau benötigten Darstellungsformen wie Balken- und Netzpläne. Alle oben genannten Kriterien werden durch Microsoft Project erfüllt, das somit für den Terminplaner ein umfassendes Planungswerkzeug darstellt.

Auch die Software **SureTrak** von Primavera bietet sowohl die Ausgabe von Netz- als auch Balkenplänen. Es überzeugt zudem durch eine klare Übersichtlichkeit der ausgegebenen Pläne und übertrifft nach Auffassung des Autors in diesem Punkt die Software von Microsoft. Das Programm findet aber in der Praxis weniger Verwendung, da die Oberflächen komplexer sind und somit mehr Einarbeitungszeit des Planers erfordern. Dennoch ist dieses Programm für das Terminmanagement im Hochbau insbesondere bei komplexen Baumaßnahmen zu empfehlen.

Des weiteren kann für die Terminplanung und -steuerung auch auf kostenlose Software zurückgegriffen werden. Eine dieser kostenlos im Internet zur Verfügung stehenden Planungsprogramme ist die Software **GanttProject**. Diese frei zugänglichen Terminplanungsprogramme bieten nicht die Fülle an Funktionen, können aber je nach Komplexität des Bauvorhabens bereits voll ausreichen.

49

7.2 Logischer Aufbau und Formatierung eines Terminplans

Vor der Erstellung des Terminplans ist zunächst zu überlegen, wie der zu erstellenden Terminplan formatiert wird. Die Übersichtlichkeit eines Terminplans hängt maßgeblich von der Formatierung der Elemente

- Vorgangsspalten,
- Vorgangsbalken,
- Anordnungsbeziehungen,
- Zeilenhöhe und
- Zeitachse

ab.

In der **Vorgangsspalte** werden alle Vorgänge, die im gesamten Bauablauf zu erwarten sind, einzutragen.

Mit Hilfe der heutigen Terminplanungs-Software lassen sich die einzelnen Teilvorgänge durch Einrücken zu Vergabeeinheiten oder Bauabschnitten gruppieren und durch **Sammelvorgänge** darstellen. Durch das Ausblenden von Teilvorgängen lässt sich sehr schnell ein übersichtlicher Terminplan mit wenigen übergeordneten Sammelvorgängen wie beispielsweise Rohbau, Gebäudehülle ausgeben.

Aus Gründen der Lesbarkeit empfiehlt es sich, die **Vorgangsbalken** einzelner Leistungsbereiche optisch von einander zu unterscheiden. Die Zugehörigkeit von Vorgängen z.B. zu Bauabschnitte oder Vergabeeinheiten erfolgt durch Zuordnung einer Schraffur, eines Muster oder einer Farbe, die sich von den anderen Vorgängen unterscheidet.

Die **Anordnungsbeziehungen** lassen sich durch Angaben in den Vorgangsinformationen einstellen. Diesen Vorgangsinformationen können auch nachträglich noch weitere Verknüpfungsbedingungen hinzugefügt oder auch gelöscht werden, so dass ein bereits erstellter Terminplan problemlos weiterbearbeitet und ergänzt werden kann. Ein großer Vorteil moderner Software ist die problemlose Modifikation des Terminplans. Soll aus bestimmten Gründen die Ablaufreihenfolge der Vorgänge untereinander geändert werden, so erfolgt eine automatische Neuberechnung der Termine aller Vorgänge.

Bereits zu Beginn ist die Formatierung der **Zeilenhöhe** zu bedenken, damit bei der Fortschreibung und Kontrolle des Terminplans händische Eintragungen vorgenommen werden können.[18]

Die Formatierung der **Zeitachse** kann je nach Detaillierungsgrad der Terminplanung angepasst werden. Kommen für einen projektorientierten Terminplan im Bauwesen üblicherweise Monate und Wochen eines Kalenderjahres als Zeitskala in Betracht, so sind es beim produktionsorientierten Terminplan Tage.

---

18 Vgl. E.5.2.2.

C Vorbereitung der Baudurchführung

1 Dokumentation der Verantwortlichkeiten

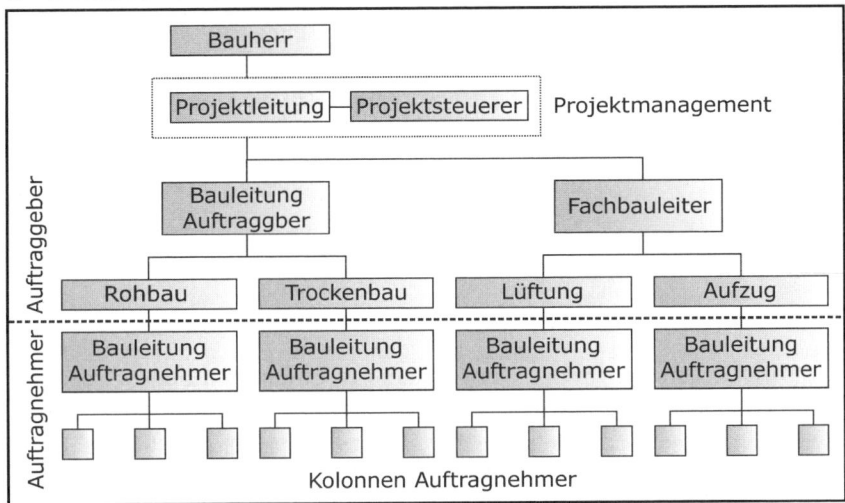

Abbildung 20: Aufbauorganisation eines Bauprojektes

Je nach Komplexität eines Bauvorhabens und den damit verbunden Beteiligten, ist es ratsam, die Aufbauorganisation zu dokumentieren, in dem ein Organigramm erstellt (vgl. Abb. 20) und den Beteiligten zur Verfügung gestellt wird.

Durch das Organigramm wird der Aufbau des Bauprojektes hinsichtlich der einzelnen Aufgaben und Kompetenzen vereinfacht dargestellt.

Durch die hierarchische Darstellung werden den Beteiligten die Zuständigkeiten veranschaulicht. In der obersten Ebene steht der **Bauherr**, der als Investor und Initiator des Bauvorhabens für alle wichtigen Entscheidungen verantwortlich ist.

Der **Projektsteuerer** kontrolliert die Einhaltung der durch den Auftraggeber festgelegten Kosten, Qualitäten und Termine und gibt Handlungsempfehlungen an den **Projektleiter,** der diese Entscheidungen dann umsetzt.

In der **Bauleitung** nimmt der auftraggeberseitige Bauleiter des Leistungsbildes Objektplanung den „Primus inter Pares" unter den Bauleitern ein, da er die Fachbauleiter zusätzlich koordinieren muss. Außerdem übernimmt er die Kontrolle und Koordination der einzelnen Auftragnehmer.

2 Rechtzeitige Planlieferung durch den Auftraggeber

In der Praxis ist es üblich, dass die Ausführungsplanung erst nach der Ausschreibung fertiggestellt werden. Für die Auftragnehmer ist der Fall besonders schwierig, da in der Regel keine Planliefertermine vereinbart sind.

Werden die Ausführungspläne nicht rechtzeitig bereitgestellt, kann der Auftragnehmer nicht termingerecht mit der Arbeit beginnen, da die nötigen Vorlaufzeiten zur Prüfung etc. nicht vorhanden sind.

> **Beispiel:**
>
> Bei Metallbauarbeiten, wie Geländern, müssen die nötigen Ausführungspläne mit den erforderlichen Detailplänen frühzeitig bereitgestellt werden, da Vorlaufzeiten zur Vorfertigung notwendig sind.
>
> Erfolgt die Planlieferung zu spät, verzögert sich der Beginn.

Eine Hauptpflicht des Auftraggebers ist gemäß § 3 Nr. 1 VOB/B die rechtzeitige Bereitstellung der nötigen Unterlagen. Kommt der Auftraggeber der Verpflichtung nicht nach, sind Störungen des Bauablaufs die Folge.

Die Folgen fehlender auftraggeberseitiger Mitwirkungspflichten können durch die Einhaltung angemessener Planlieferfristen minimiert werden (vgl. Abb. 21).[19]

Pläne	Beschreibung	Vorlaufzeit
Schalpläne	Vorabzüge zur generellen Schalungsplanung	6 Wochen
	Ausführungsunterlagen	3 Wochen bis 20 Arbeitstage
Bewehrungspläne		3 Wochen bis 25 Arbeitstage
Aussparungspläne		5 Arbeitstage
Fertigteilpläne		1-2 Wochen mehr als die oben genannten
Sonstige	Pläne mit Baustoffen in Sonderanfertigung	Individuell, abstrakt nicht bestimmbar

Abbildung 21: Übliche Planlieferfristen

Wurden Planlieferfristen vereinbart, so sind diese einzuhalten. Vor dem eigentlichen Termin der Übermittlung ist mit ausreichendem Vorlauf beim zuständigen Planer zu kontrollieren, ob der Liefertermin eingehalten werden kann.

---

19 Vgl. Kapellmann/Schiffers, Band 1, Rn. 1314.

3 Baustelleneinrichtung

3.1 Grundsätzliches

Der Begriff der Baustelleneinrichtung bezeichnet sämtliche zur Errichtung eines Bauwerkes notwendigen Geräte und Materialien, die keiner Leistungsposition zuordbar sind. Die dafür notwendige Flächen werden dem Auftragnehmern vom Auftraggeber zur Verfügung gestellt und richten sich nach der Größe des jeweiligen Bauvorhabens.

Es liegt im Entscheidungsbereich des Auftraggebers,ob er die Baustelleneinrichtung selbst erstellt, oder ob er ein ausführendes Unternehmen damit beauftragt, z.B. den Rohbauunternehmer.

Zur Baustelleneinrichtung gehören

- Erschließung der Baustelle,
- Lagerflächen,
- Ver- und Entsorgung,
- Geräte und Hebezeuge und
- Elemente der Sicherheit.

Bei Bauvorhaben, die in den Wintermonaten abgewickelt werden, können zusätzliche Vorkehrungen notwendig werden.

3.2 Baustelleneinrichtungsplan

Der Baustelleneinrichtungsplan (vgl. Abb. 22, nächste Seite) dient der Organisation der Baustelle und weist die einzelnen Flächen für Container, Erdaushub, Materiallagerung etc. aus. Baustelleneinrichtungspläne sind Ausführungspläne, die alle erforderlichen Maße mit den nötigen Abständen enthalten.

Eine überschlägige Planung der Baustelleneinrichtung wird vom Auftraggeber durchgeführt, um im Vorfeld zu prüfen, ob mit Problemen zu rechnen ist. Die eigentliche Planung und die damit verbundene Disposition von Gerät und Ausstattungen übernimmt der jeweilige Auftragnehmer.

Im Baustelleneinrichtungsplan werden u.a. Fläche der Baugrube, Container (Bürocontainer, Wohncontainer, Sanitärcontainer, Tagesunterkünfte, Magazin), Lagerflächen, Parkplätze, Stellfläche für Krane, Transportfahrzeuge, Baustellenfahrzeuge und Geräte und Baustraße ausgewiesen.

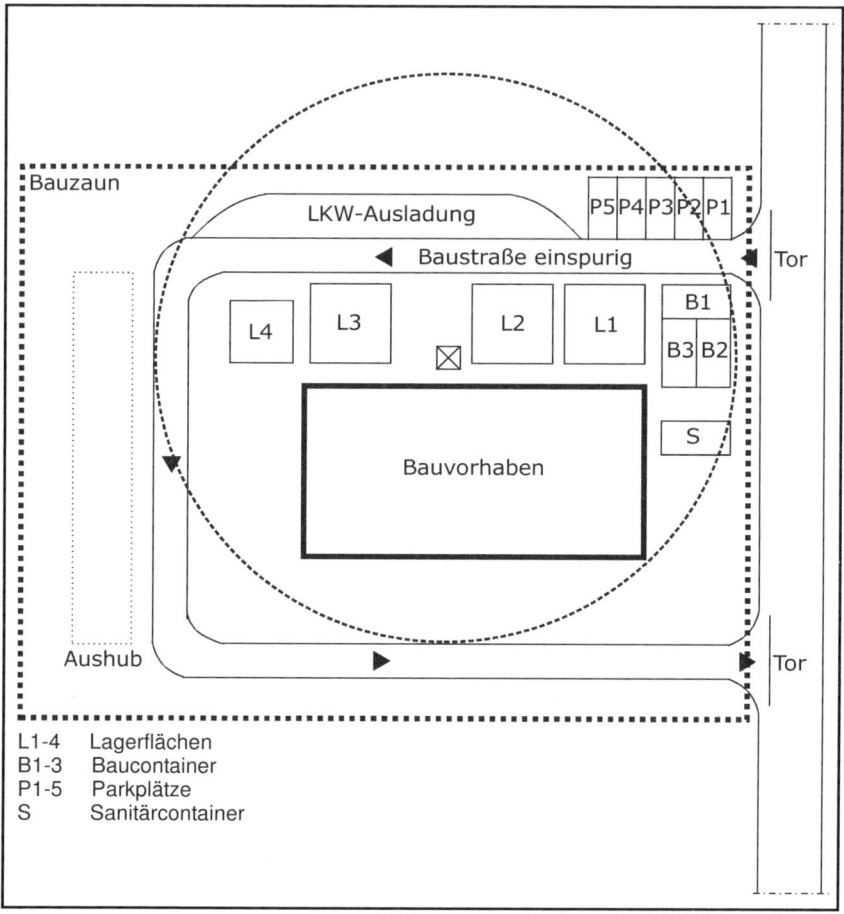

Abbildung 22: Schematische Darstellung eines Baustelleneinrichtungsplans

3.3 Erschließung der Baustelle

Die Erschließung der Baustelle ist in Bezug auf die örtlichen Situation so weit zu planen, dass ein Transport von Bau- und Bauhilfsstoffen, Personal, Baumaschinen und Geräten, reibungslos zur Baustelle gewährleistet werden kann.

Je nach Bauvorhaben sind aufgrund der unterschiedlichen Baustoffe und einzusetzender Geräte, Transportfahrzeuge bzw. Hebezeuge für den Transport zur Baustelle notwendig.

Vom Bauleiter ist zu überprüfen, ob

- die vorhanden Straßen ausreichend sind,
- die Zufahrt zur Baustelle ausreichend ist,
- zusätzliche Baustraßen benötigt werden und
- die Tragfähigkeit des Untergrunds ausreichend und ggf. eine Schotterung oder Asphaltierung notwendig ist.

Sofern die Prüfung einen Handlungsbedarf ergibt, ist von Seiten des Bauleiters entsprechend zu reagieren. In einigen Fällen ist vor Beginn der Bauarbeiten eine Baustraße durch den Auftraggeber zu planen und als vorbereitende Maßnahme ausführen zu lassen.

3.4 Lagerflächen

Bezüglich der Lagerung in der Bauausführung wird in Roh- und Ausbau unterschieden.

Während des Rohbaus werden die Materialien außerhalb des Gebäudes gelagert, da sich das zu errichtende Gebäude noch in der Entstehung befindet. Die einzelnen Stoffe oder Fertigteile werden je nach Lage so deponiert, dass der Bauablauf nicht gestört wird.

Im Ausbau bietet es sich an, vorhandene Räume bzw. Lagerflächen im Inneren des Gebäudes zu nutzen, weil diese besser gegen Witterungseinflüsse und gegen Diebstahl geschützt sind.

Art und Umfang können im Vorfeld mit den Auftragnehmern besprochen bzw. überschlägig berechnet werden.

Die einzelnen Räume bzw. Lagerflächen werden so ausgewählt, dass Behinderungen anderer Auftragnehmer ausgeschlossen sind, aber dennoch ein optimierter Ablauf gewährleistet werden kann.

Problematischer ist die Situation bei Baumaßnahmen im Betrieb befindlicher Gebäude. Da sich nur bedingt Lagerflächen im Gebäude nutzen lassen, muss im Vorfeld genau ermittelt werden, in welchem Umfang Lagerflächen und Räume zur Verfügung stehen.

3.5 Sicherheit

Eine Grundvoraussetzung jeder Baumaßnahme ist die Absicherung der Baustelle selbst. Eine Kennzeichnung der Baustelle durch Beschilderungen, Bauzäune etc. muss zu Beginn der Arbeiten gewährleistet sein.

Sind zusätzliche Absperrungen öffentlicher Flächen oder Straßen notwendig, müssen die erforderlichen Genehmigungen bei den Behörden eingeholt werden.

D Ausschreibung, Vergabe und Abrechnung

1 Vertragsarten

1.1 Allgemeines

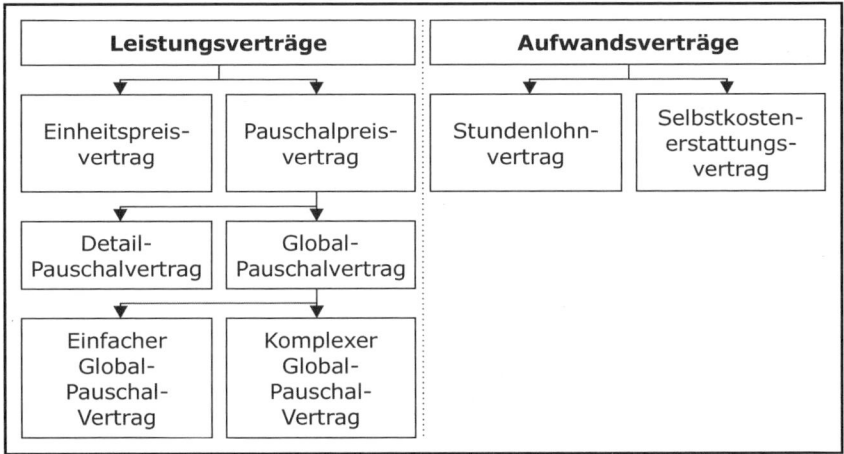

Abbildung 23: Vertragsarten von Bauverträgen

Schon lange vor der Ausschreibung sind vom Auftraggeber Vorüberlegungen anzustellen, mit welcher **Vertragsart** er seine Ziele am besten erreichen kann (vgl. Abb. 23).

Die ausgewählte Vertragsart bildet die Grundlage für

- die Ausschreibung,
- die Terminplanung,
- den Bauablauf und
- ggf. die Nachtragsabwicklung.

Daher werden die Vertragsarten im Folgenden kurz besprochen, um eine einheitliche Terminologie sicher zu stellen.

1.2 Leistungsverträge

Unter einem **Leistungsvertrag** versteht man einen Vertrag, bei dem sich die Vergütung des Auftragnehmers ausschließlich nach der von ihm erbrachten Leistung richtet.[20]

Es gibt zwei Formen von Leistungsverträgen,

- den Einheitspreisvertrag und
- den Pauschalvertrag.

1.2.1 Einheitspreisvertrag

Der **Einheitspreisvertrag** zeichnet sich dadurch aus, dass die Vorgaben des Auftraggebers zu Art und Umfang der geforderten Leistungen so detailliert sind, dass seitens des Auftragnehmers

- keine Planungsleistungen erbracht und
- keine Mengen ermittelt werden müssen.

Beim Einheitspreisvertrag erfolgt die Leistungsbeschreibung in Form eines Leistungsverzeichnisses, das sich aus den Elementen

- Ordnungszahl (Position),
- Vordersatz pro Ordnungszahl als voraussichtliche Leistungsmenge,
- Mengeneinheit der Abrechnung,
- Leistungsbeschreibung für die in dieser Ordnungszahl erfasste Teilleistung,
- Einheitspreis und
- Gesamtpreis, der sich aus der Multiplikation des Vordersatzes mit dem Einheitspreis ergibt,[21]

zusammensetzt.

Die endgültige Vergütung des Auftragnehmers erfolgt auf Basis der **tatsächlich ausgeführten Mengen**, die zu dem im Vertrag vereinbarten Einheitspreis abgerechnet werden. Eine Änderung des feststehenden Einheitspreises ist grundsätzlich ausgeschlossen.

Eine Ausnahme bildet § 2 Abs. 3 VOB/B: Bei einer Abweichung der tatsächlich ausgeführten Mengen um mehr als 10 v.H. von den Vordersätzen können beide Vertragsparteien eine Anpassung der Einheitspreise verlangen.[22]

---

20 Vgl. Langen/Schiffers, Rn. 1101.
21 Vgl. § 16 Nr. 4 VOB/A.
22 Vgl. D.7.2.

Für an die VOB gebundene Auftraggeber[23] ist nach § 4 Abs. 1 VOB/A im Regelfall ein Einheitspreisvertrag abzuschließen. Dieser Vertragstyp ist auch bei nicht an die VOB gebundenen Auftraggebern in der Praxis am häufigsten anzutreffen.

1.2.2 Pauschalvertrag

Der zweite Typ des Leistungsvertrags ist der **Pauschalvertrag**, der sich in die Unterarten

- Detail-Pauschalvertrag und
- Global-Pauschalvertrag

gliedern lässt.

Im Gegensatz zum Einheitspreisvertrag errechnet sich die Vergütung des Auftragnehmers nicht nach den tatsächlich ausgeführten Mengen multipliziert mit dem jeweils festgeschriebenen Einheitspreis, sondern wird pauschal für jede einzelne Teilleistung vereinbart.

Dabei bezieht sich die pauschale Vergütung, auf das, was vertraglich vereinbart wurde. Greift der Auftraggeber in den Bauinhalt ein, so besteht seitens des Auftragnehmers grundsätzlich ein Recht auf finanziellen und terminlichen Ausgleich.

In keinem Fall sind Pauschalverträge so zu verstehen, dass auch nachträgliche Änderungswünsche des Bauherren davon umfasst sind.

1.2.2.1 Detail-Pauschalvertrag

Die Leistungsbeschreibung des **Detail-Pauschalvertrags** unterscheidet sich nicht von der des Einheitspreisvertrags, da beiden Vertragstypologien eine detaillierte Leistungsbeschreibung zugrunde liegt. Gegebenenfalls besteht die Leistungsbeschreibung auch aus Ausführungsplänen, aus denen das zu Erstellende hervorgeht, so dass der Bieter die Mengen selbst ermitteln kann.

Der entscheidende Unterschied zum Einheitspreisvertrag liegt in der Abrechnung, die beim Detail-Pauschalvertrag mengenunabhängig, – also pauschal – zum vertraglich vereinbarten Pauschalpreis erfolgt.

Aus den **Mengenermittlungskriterien**[24] (Plänen etc.) gehen die Mengen zum Zeitpunkt des Vertragsschlusses hervor. Für beide Seiten besteht kein Mengenänderungsrisiko; allerdings trägt mithin der Auftragnehmer das Risiko seiner fehlerhaften Mengenermittlung.

Durch eine gewissenhafte und genaue Mengenermittlung kann dieses Risiko vom Auftragnehmer eingegrenzt werden.

---

23 Vgl. D.4.1.
24 Vgl. Langen/Schiffers, Rd. 1114.

59

Beabsichtigt der Auftraggeber, einen Detail-Pauschalvertrag auf der Basis der Leistungsbeschreibung mit Leistungsverzeichnis (inkl. Mengenangaben) zu vereinbaren, so muss er dem Bieter ausreichende Mengenermittlungskriterien zur Verfügung stellen.

Beispiel

Nachdem die Ausschreibung einer Vergabeeinheit auf Basis eines Einheitspreisvertrags durchgeführt wurde, stellt der Bauherr den in Frage kommenden Bietern die entsprechenden Ausführungspläne zur Mengenermittlung zur Verfügung und bittet um ein Angebot über eine Pauschalierung der Vergütung.

Ist es dem Bieter zum Zeitpunkt des Vertragsschlusses nicht möglich, die Mengen selbst zu ermitteln bzw. zu prüfen, um seine Pauschalpreise zu kalkulieren, so entsteht ein so genannter verkappter Einheitspreisvertrag, bei dem die Abrechnung auf Basis der tatsächlich ausgeführten Mengen zu erfolgen hat.

1.2.2.2 Global-Pauschalvertrag

Muss der Bieter über das bloße Kalkulieren der Leistung hinaus Planungsleistungen erbringen, so handelt es sich um einen **Global-Pauschalvertrag**. Seine Vereinbarung erfolgt durch Vorgabe von Zielen wie Funktionsfähigkeit oder Vollständigkeit.

Dabei verpflichtet sich der Auftragnehmer, über das in der Leistungsbeschreibung Geforderte hinaus zur Erbringung einer funktionsfähigen Leistung.

Diese Vertragsart bietet den Vorteil, dass sich der Auftraggeber die Planungs- und Fachkompetenz des Bieters zu Nutze machen kann, um die Bauleistung durch den Auftragnehmer zu optimieren. Der Bieter kann dabei auf die ihm bekannten Bauverfahren und Baustoffe zurückgreifen und so ggf. kostengünstiger arbeiten.

Es ist möglich, dass zur Zielerreichung weitere Leistungen notwendig sind als die in der Leistungsbeschreibung beschriebenen. Diese zur Zielerreichung notwendigen Leistungen werden bei einem Global-Pauschalvertrag vom Auftragnehmer ebenfalls geschuldet und sind im vereinbarten Preis bereits enthalten.

Wie und mit welchen Qualitäten der Auftragnehmer die Ziele erreicht ist seine Sache.

> **Beispiel**
>
> In der detaillierten Leistungsbeschreibung eines Aufzugs ist nirgendwo er-wähnt, dass die Kabine eine Beleuchtung erhalten soll. Der Auftragnehmer schuldet für den Fall, dass er sich zum Bau einer funktionsfähigen Anlage verpflichtet hat, auch die Beleuchtung – im Gegensatz zum Detailpau-schalvertrag.

Bei den Global-Pauschalverträgen werden

- der Einfache Global-Pauschalvertrag und
- der Komplexe Global-Pauschalvertrag

unterschieden.

Der **Einfache Global-Pauschalvertrag** beschränkt sich auf einzelne oder wenige zusammenhängende Leistungsbereiche.

Mit anderen Worten: Der einfache Global-Pauschalvertrag kann von den in Deutschland tätigen Handwerksunternehmen üblicherweise erbracht werden. [25]

Vom **Komplexen Global-Pauschalvertrag** spricht man, wenn die Leistung viele oder unzusammenhängende Leistungsbereiche umfasst. Diese Ver-tragsart kommt vor allem bei der Ausschreibung ganzer oder teilfertiger Ge-bäude in Betracht.

1.3 Aufwandsverträge

Bei einem **Aufwandsvertrag** richtet sich die Vergütung nach dem tatsäch-lich anfallenden Aufwand. Es werden:

- der Stundenlohnvertrag und
- der Selbstkostenerstattungsvertrag

unterschieden.

1.3.1 Stundenlohnvertrag

Beim **Stundenlohnvertrag** wird die Anzahl der zur Erbringung der Leistung aufgewendeten Stunden vergütet.

Der § 4 Abs. 2 VOB/A bestimmt, dass diese Vertragsart nur für Bauleistun-gen geringeren Umfangs, die im Wesentlichen nur Lohnkosten erzeugen, an-gewendet werden sollte. Auch für private Bauherren stellt diese Bestimmung der VOB eine Empfehlung dar.

---

25 Beispielsweise bei Aluminiumfenstern, die den Leistungsbereiche Metallbau-, Verglasungs- und Beschlagsarbeiten zuzuordnen sind.

Die Problematik liegt für den Auftraggeber darin, dass der Auftragnehmer bei einem Stundenlohnvertrag keinen Ansporn hat, seine Effektivität zu steigern, denn er wird unabhängig von seiner Effektivität nach Stunden bezahlt. Das ist auch der Grund, warum viele Auftraggeber vor Stundenlohnverträgen zurück schrecken. Dennoch kann im Einzelfall – bei seriösen Auftragnehmern – ein Stundenlohnvertrag sinnvoll sein.

In der Praxis sind Stundenlohnverträge fast ausschließlich als Zusatzvereinbarung bei Einheitspreisverträgen anzutreffen.

Diese Vorgehensweise ist in den meisten Fällen sinnvoll, weil aus der Erfahrung heraus bekannt ist, dass in einer Vielzahl der Fälle Stundenlohnarbeiten für zusätzliche Arbeiten anfallen werden. Damit die Stundensätze in die Wertung des Angebots mit einfließen, werden in der Regel einige wenige Stunden ausgeschrieben.

> **Beispiel**
>
> In der Ausschreibung der Malerarbeiten sind „10 Facharbeiterstunden" enthalten.

1.3.2 Selbstkostenerstattungsvertrag

Bei einem **Selbstkostenerstattungsvertrag** werden – auch wenn der Name dies nahe legt – keineswegs nur die Kosten des Auftragnehmers erstattet. Vielmehr erfolgt die Vergütung auf Basis vereinbarter Kosten beispielsweise für Löhne, Stoffe und Geräte zuzüglich den darauf aufzuschlagenden Deckungsbeiträgen für Gemeinkosten, Wagnis und Gewinn.

Der Selbstkostenerstattungsvertrag hat jedoch in der Praxis nahezu keine Bedeutung.

1.4 Unterschiede und Gründe für die Wahl der Vertragstypen

Je nach Vertragsart kann auf der Basis unterschiedlicher Planungstiefen ausgeschrieben werden (vgl. Abb. 24). Deshalb bedarf es einer frühzeitigen Klärung, damit nicht unnötig oder unzureichend tief detailliert geplant wird. Die Aufwandsverträge sind wegen der in der Praxis unbedeutenden Rolle nicht mit aufgenommen.

	Ausschließlich Soll-Vorgaben	Vorentwurf	Entwurfsplanung	Ausführungs-planung
Einheitspreisvertrag				
Detail-Pauschalvertrag				
Einfacher Global-Pauschalvertrag				
Komplexer Global-Pauschalvertrag				

Abbildung 24: Grundlage der Ausschreibung bei verschiedenen Vertragsarten

Sinnvoll und in der Praxis gängig ist es, die Entscheidung über die Vertragsart für jede Vergabeeinheit individuell zu treffen, um die jeweils optimale Vertragsart zu nutzen.

Die in der Baupraxis am häufigsten anzutreffende Vertragsart ist der Einheitspreisvertrag, der eine (weitgehend) abgeschlossene Ausführungsplanung und eine gewissenhafte Erstellung des Leistungsverzeichnisses mit Mengenangaben voraussetzt. Bei dieser Vertragsart wird das zu Leistende so detailliert beschrieben, dass der Bieter ohne weitere Planung seine Preise eintragen kann.

Liegt keine Ausführungsplanung vor, kann der Ausschreibende die spätere Ausführung nur überschlägig ermitteln – was in der Regel zu unvollständigen Leistungsbeschreibungen und Mengenabweichungen führt. In vielen Fällen sind Nachtragsansprüche des Auftragnehmers nicht auszuschließen und berechtigt.

Das gilt ebenso für den Detail-Pauschalvertrag, weil auch hier das zu Leistende in Qualität und Quantität exakt vorgegeben wird.

Der scheinbare Ausweg über eine mengenunabhängige Abrechnung schafft dann eher Nachteile als Vorteile, wenn die spätere Ausführung absehbar von der ausgeschriebenen abweicht. In diesem Fall kann zur Objektivierung der Höhe von Nachtragsforderungen nur die jeweilige Pauschalsumme herangezogen werden, was im Regelfall zu einem wesentlich aufwändigeren Ermittlungsverfahren und einem höheren Konfliktpotenzial führt.

Liegt zum Zeitpunkt der Ausschreibung hingegen keine oder eine unzureichende Ausführungsplanung vor, so können Global-Pauschalverträge dann
einen Ausweg bieten, wenn die Schnittstellen zu den übrigen Vergabeeinheiten geklärt sind. In diesem Fall kann sich der Ausschreibende und damit
letztlich der Bauherr die Planungskompetenz des Bieters zu Nutze machen
und diesem seine Ausführungsplanung unter Vorgabe entsprechender Soll-
Vorgaben übertragen. Diese Vorgehensweise ist besonders bei technisch
komplexeren Leistungen wie Fassaden oder Aufzuganlagen sinnvoll, weil die
Planungskompetenz der Bieter hier regelmäßig die eigene Planungskompetenz übertrifft.

Allerdings ist zu beachten, dass mit zunehmender Komplexität der geforderten Planungs- und Bauleistungen die Zahl der möglichen Bieter immer weiter
abnimmt. Hier wird empfohlen, sich frühzeitig um eine ausreichende Bieter-
zahl zu bemühen.

Pauschalverträge bieten für den Bauleiter zudem den Vorteil, dass die Rechnungsprüfung wesentlich vereinfacht ist.

2 Qualitätsfestlegung

2.1 Systematiken

Damit eine Bauleistung (detailliert) ausgeschrieben werden kann, müssen
Qualität und Quantität der Leistungen feststehen. Schon bei kleineren Projekten ist für die **Dokumentation der Qualitäten** eine Systematik erforderlich, um bei der Fortschreibung der Qualitäten den Überblick behalten zu
können.

In der Praxis haben sich zwei grundsätzliche Systematiken etabliert, die im
Folgenden besprochen werden. Welche Systematik letzten Endes zum Einsatz kommt, hängt vom Einzelfall ab.

2.1.1 Raumbuch

Das **Raumbuch** wird auf Basis des Raumprogramms entwickelt. Es dient der
Beschreibung der Eigenschaften der einzelnen Räume eines Gebäudes sowie
der Anforderungen hinsichtlich der Qualität. Das Raumbuch hat sich bislang
nur in einzelnen Phasen des Lebenszyklus eines Bauwerkes durchgesetzt,
weil Planer Zeichnungen und Pläne für die Darstellung von Informationen be-
vorzugen.

Zusätzlich zu den Qualitäten enthalten Raumbücher in der Regel auch Mengen wie die Grundfläche des Raumes oder Art und Anzahl der Objekte der
Technischen Ausrüstung.[26]

---

26 Vgl. Feuerabend, S.31 f.

Je nach Anwendung werden drei Formen unterschieden.

Beim **Anforderungsraumbuch** handelt es sich um das schriftliche Festhalten allgemein formulierter Informationen zu Größen, Mengen und Qualitäten. Es dient schon während der Phase der Grundlagenermittlung zur systematischen Erfassung der Anforderungen und zur Dokumentation der Bauherrenwünsche.

> **Beispiel**
>
> Der Bauherr wünscht in den Besprechungsräumen einen höheren Schallschutz als gesetzlich gefordert.

Im **Ausstattungsraumbuch** werden hinsichtlich der raumbildenden Konstruktion sowie der Raumausstattung detaillierte Festlegungen getroffen (Baustoffe, Materialien), welche im Verlauf der Planung weiter konkretisiert werden.

Im **Bestandsraumbuch** wird der Zustand nach Vollendung des Bauwerks festgehalten. Es wird u. a. zur abschließenden Baudokumentation und beim Facility-Management genutzt.

Raumbucher haben den Nachteil, dass sie auf Grund ihres raumweiten Aufbaus unübersichtlich sind („In welchem Raum ist der PVC, Typ A ?") und daher auch umständlich fortzuschreiben sind.

Zudem erscheinen sie dem Autor nicht geeignet zu sein, als Basis für weitere Unterlagen (Kostenermittlung und Terminplanung) zu dienen.

2.1.2 Baubeschreibung mit Bauelementen

2.1.2.1 Begriff Bauelement

Während das Raumbuch raumweise die Ausstattung eines Gebäudes wiedergibt, geht die **Baubeschreibung mit Bauelementen** einen anderen Weg: Hier wird die Ausstattung eines Gebäudes insgesamt aufgelistet und den jeweiligen Räumen zugeordnet.

Diese Vorgehensweise stellt die Anforderungen an die einzelnen Bauelemente sehr übersichtlich dar und bietet den großen Vorteil, dass der Umfang der Baubeschreibung bei gleichem Inhalt wesentlich geringer ist und eine Fortschreibung mit wesentlich geringerem Aufwand erfolgen kann.

Eine sinnvolle Gliederung der Ausstattung stellt die Untergliederung in Bauelemente dar. Ein **Bauelement** ist:[27]

a) ein Bestandteil des Gebäudes, der nach der Kostengruppe der dritten Ebene der DIN 276 eindeutig bestimmt ist, und

b) eindeutig einem Leistungsbereich zugeordnet werden kann.

Zu a) Dritte Ebene der Kostengruppen nach DIN 276

Eine Gliederung der Elemente bis zur dritte Ebene der Kostengruppen nach DIN 276 ist notwendig, um z.b. eine Wand nicht mit allen Schichten in einem Element zu beschreiben; vielmehr werden die **Grobelemente** der zweiten Ebene der DIN 276 (Außenwände, Innenwände, Decken etc.) in ihre einzelnen Bestandteile zerlegt (vgl. Abb. 25).

Zudem ist eine Gliederung der Baubeschreibung nach den Kostengruppen der DIN 276 deshalb ratsam, weil diese die Erstellung der Baubeschreibung erleichtert, indem sie als übersichtliche **Checkliste** genutzt wird. Die so aufgebaute Baubeschreibung nach Bauelementen bildet anschließend **ohne zusätzlichen Aufwand die Basis für die Kostenermittlung.**

Die Gliederung nach den Kostengruppen der DIN 276 nutzt eine projektübergreifende Systematik zur sinnvollen Einteilung eines Gebäudes in seine Bestandteile. Gerade bei der Qualitätsfestlegung bietet die **gebäudeorientierte Gliederung der DIN 276** den Vorzug, dass die Zuordnung zu den Vergabeeinheiten noch geändert werden kann.

Beispiel

Der Bauherr wünscht statt eines Parkettboden nun einen Natursteinbelag.

Die Bauelemente des Gebäudes können anhand der Liste der Kostengruppen der DIN 276 dokumentiert werden; die Kostengruppen dienen hier als Checkliste.

---

27 Aus: Bielefeld/Feuerabend, S. 44.

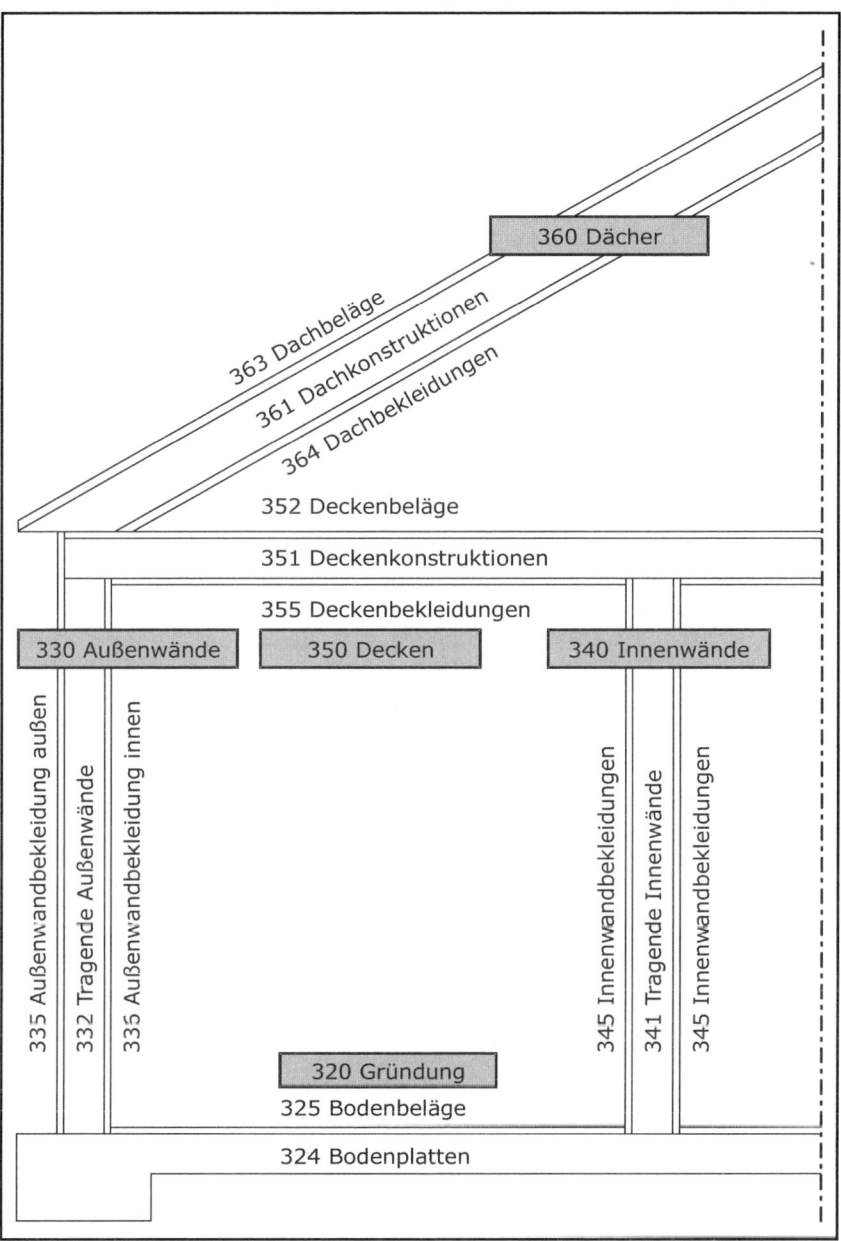

Abbildung 25: Schematische Darstellung der Struktur der DIN 276

Zu b): Eindeutige Zuordbarkeit zu einem Leistungsbereich

Durch die Forderung nach einer Aufspaltung der Bauelemente in die Leistungsbereiche bzw. Vergabeeinheiten kann gewährleistet werden, dass die darauf aufbauende:

- Kostenermittlung in Budgets für die einzelnen Vergabeeinheiten umgeschrieben werden kann,[28]
- Liste der Bauelemente als Basis für die Ausschreibung dienen kann und
- Liste der Bauelemente die Basis für die Ermittlung der Vorgänge eines detaillierten Terminplan einer Vergabeeinheit herangezogen werden kann.

Beispiel

Eine „Trockenbauwand mit Dispersionsanstrich" ist eine „Trockenbauwand" und ein „Dispersionsanstrich".

Eine wie vor beschriebene gegliederte Baubeschreibung lässt sich geordnet nach den Kriterien Kostengruppe oder Leistungsbereich bzw. Vergabeeinheit darstellen.

Nach Kostengruppen sortiert erhält man eine **gebäudeorientierte Sicht**, bei der die Bauelemente nach ihrer Funktion im Gebäude gegliedert sind. Dies ist vor allem bei der Qualitätsfestlegung und bei der Überprüfung auf Vollständigkeit eine große Unterstützung.

Nach Leistungsbereichen der VOB/C sortiert, erhält man eine **ausführungsorientierte Sicht**, die beispielsweise als Basis für die Ausschreibung hilfreich ist.

Die Art der Informationsdarstellung nach Kostengruppen oder nach Leistungsbereichen kann beliebig gewechselt werden. Der in der Praxis oftmals auftretende Bruch zwischen den Informationen der frühen und denen der hinteren Leistungsphasen wird so vermieden. Die Umstellung zu einem bestimmten Zeitpunkt ist nicht erforderlich.

2.1.2.2 Beschreibung der Bauelemente

Die Baubeschreibung dient der internen Information des Auftraggebers und sollte daher so verfasst sein, dass die auftraggeberseitigen Projektbeteiligen diese eindeutig verstehen.

---

28 Die Budgetbildung ist elementar, weil die Vergaben i.d.R. zeitversetzt erfolgen (vgl. D.4.4.1.1) und sonst keine Aussage zur Angebotssumme im Verhältnis zu den eingeplanten Kosten (Kostenermittlung) möglich ist.

Dabei geht es nicht darum zu beschreiben, wie die Bauelemente erstellt werden – das ist Sache der Leistungsbeschreibung. Vielmehr geht es um die qualitätsprägenden Merkmale und Anforderungen an das jeweilige Bauelement.

Beispiel

Trockenbauwand, Dicke 12,5 cm, F 90A.

Bei der Formulierung ist es in jedem Fall ratsam, die Qualitäten so zu beschreiben, dass sie auch von fachfremden Personen ohne Weiteres verstanden werden können.

Selbstverständlichkeiten werden weggelassen, beispielsweise wird bei einer Trockenbauwand nicht beschrieben, welche Dicke die Profile des Ständerwerks haben.

2.1.2.3 Zuordnung der Bauelemente zu ihren Einbauorten

Um zu dokumentieren, wo die beschriebenen Bauelemente zum Einsatz kommen sollen, sind ihnen ihre genauen Einbauorte zuzuordnen.

Dies kann durch Bezeichnung der Raumgruppe (Büroräume, Lagerräume, Foyer) oder auch der konkreten Raumbezeichnungen mit Raumnummer erfolgen. Im eigenen Interesse sollte die Ortsangabe so kurz und präzise wie möglich sein.

Beispiel

Trockenbauwand, Dicke 12,5 cm, F 90A	Räume 001, 002
Trockenbauwand, Dicke 10 cm	Besprechungsraum

2.2 Qualitätseingrenzung

Jede Kostenermittlung ist abhängig von den zugrunde liegenden Qualitäten. Die zu Projektbeginn nur global festgelegten Qualitäten – im Normalfall nur zwischen niedrig, mittel und hoch unterschieden – werden im Laufe der Planung weiter detailliert.

Idealerweise werden bereits während des Entwurfs die Bauelemente mit ihren Oberflächen und Ausführungsdetails definiert. Durch eine frühe Festlegung der kostenbeeinflussenden Faktoren lassen sich genauere Kostenaussagen treffen, die später als Entscheidungsgrundlage dienen.

Die in Frage kommenden Qualitäten werden von zahlreichen gesetzlichen Anforderungen eingeschränkt. Dazu zählen beispielsweise Brand- und Schallschutzanforderungen an Bauelemente wie Türen oder Trennwände (vgl. Abb. 26).

Beispiel

Wird eine Trockenbauwand mit der Feuerwiderstandsklasse F 90A und einer Dicke von 10 cm benötigt, so kommt (nur) eine Wand vom Typ W112 in Frage.

Die gesetzlichen Anforderungen können anhand des Verwendungszwecks und des Einsatzbereiches der einzelnen Bauelemente ermittelt werden.Für die meisten Bauelemente können die möglichen Einsatzbereiche und Eigenschaften den entsprechenden Herstellerinformationen entnommen werden, die von den Herstellern kostenlos zur Verfügung gestellt werden. Viele Hersteller bieten diese Informationen mittlerweile auch online auf ihren Internet-Seiten an.

Daneben hat auch der Bauherr eine konkrete Vorstellung von den Qualitäten oder kann zumindest einen Qualitätsstandard wie „ausreichend", „mittel" oder „hoch" angeben.

Durch die gesetzlichen Bedingungen und die Vorgaben des Bauherrn werden die in Frage kommenden Qualitäten eingeschränkt. Dem Bauherrn können dann Qualitäten empfohlen werden, die sowohl seinen Anforderungen als auch den gesetzlichen Anforderungen gerecht werden.

2.3 Bemusterung

2.3.1 Begriffsbestimmung

Die Festlegung der endgültig zur Ausführung kommenden Qualitäten – und natürlich der damit verbundenen Quantitäten – ist die **Bemusterung**. Bei einer Baudurchführung mit Einzelvergaben erfolgt die Bemusterung analog zu den jeweiligen Ausschreibungen in mehreren Schritten.

Spätestens bei der Erstellung der Leistungsbeschreibung sollte jedoch klar sein, welche Qualitäten ausgeschrieben werden. Die in der Praxis in Leistungsbeschreibungen oft anzutreffenden aufschiebenden Elemente im Hinblick auf eine spätere Qualitätsfestlegung durch den Bauherrn schieben die Entscheidung – für viele Bauherrn unbekannt – nur auf und führen später oft zu Streitigkeiten über die Vergütung der nach Vertragsschluss festgelegten Qualitäten. Der Bauleiter sollte daher in seinem eigenen Interesse zur Vermeidung von Streitigkeiten versuchen, auf eine verspätete Qualitätsfestlegung zu vermeiden.

	W 111 Metallständerwand einfach beplankt, WD=75 mm	W 111 Metallständerwand einfach beplankt, WD=100 mm	W 111 Metallständerwand einfach beplankt, WD = 125mm	W 112 Metallständerwand doppelt beplankt, WD=100 mm	W 112 Metallständerwand doppelt beplankt, WD=125 mm	W 112 Metallständerwand doppelt beplankt, WD=150 mm	W 113 Metallständerwand dreifach beplankt, WD=125 mm	W 113 Metallständerwand dreifach beplankt, WD=150 mm	W 113 Metallständerwand dreifach beplankt, WD=175 mm	W 115 Metalldoppelständerwand doppelt beplankt, WD=150 mm	W 115 Metalldoppelständerwand doppelt beplankt,WD=200 mm	W 115 Metalldoppelständerwand doppelt beplankt,WD=250 mm	W 116 Installationswand Metallständer,F 30	W 116 Installationswand Metallständer, F90	W 116 Installationswand Metallständer, F120	W 116 Installationswand Metallständer, F180	W 118 Sicherheitswand
maximale Wandhöhe																	
4,50 m	■	■															■
5,00 m		■															
5,50 m			■														
6,00 m				■	■												
6,50 m					■	■											
7,00 m						■	■										
7,50 m							■	■									
8,00 m								■	■								
8,50 m									■	■	■	■					
Brandschutz																	
F30-A	■	■															
F30-AB		■															
F30-B			■														
F60-A				■													
F60- ÀB				■	■												
F60-B					■												
F90-A					■	■	■						■	■			
F90-AB						■	■							■			
F90-B							■										
F120-A							■	■							■		
F120-AB								■							■		
F120-D								■									
F180-A									■	■	■					■	
F180-AB									■							■	
F180-B										■							
Schallschutz																	
*	■	■	■														
**				■	■	■	■										
***								■	■	■	■	■					
Wanddicke																	
75 mm	■																
100 mm		■		■													
125 mm			■		■		■										
150 mm						■		■		■							
175 mm									■								
200 mm											■						
250 mm												■					
325 mm																	

Abbildung 26: Eignung der Bauelemente für bestimmte Einsatzbereiche am Beispiel von Trockenbauwänden

71

Eine Ankopplung der Termine der Qualitätsfestlegung kann direkt an den Ausschreibungsprozess der jeweiligen Vergabeeinheit im projektorientierten Terminplan als Meilenstein mit angemessenem Vorlauf für die jeweiligen Entscheidungen erfolgen.

Die zuvor besprochene interne auftraggeberseitige Bemusterung vor der Ausschreibung ist nicht mit der Bemusterung zu verwechseln, die bei der Bauausführung eine Rolle spielt. Denn bei dieser geht es darum, z.b. spezielle Betonfertigteile oder Fassaden, individuelle Bodenbeläge oder Wandbekleidungen als vertragsgerecht anzuerkennen und sie zur Ausführung freizugeben.

2.3.2 Bemusterung vor der Ausschreibung

Der Prozess der Bemusterung vor der Ausschreibung dient dazu,

- alternative Qualitäten z.B. an Bodenbelägen und
- Vergleichsprodukte verschiedener Qualitätsstufen im Hinblick auf ihre Vor- und Nachteile

kennen zu lernen, um auf dieser Basis festzulegen, was ausgeschrieben werden soll.

Für die Dokumentation der bemusterten Qualitäten hat sich die gebäudeorientierte Baubeschreibung bewährt, weil sich ihre Struktur auch fachfremden Bauherrn schnell erschließt.

2.3.3 Bemusterung zusammen mit dem Auftragnehmer

Für viele Leistungsbereiche sieht die VOB/C die Bemusterung ausdrücklich als Nebenleistung vor und trägt damit der Baupraxis Rechnung, in der der Auftragnehmer vor der Ausführung ein Muster erstellt, das der anschließenden Ausführung entspricht und bei Streitigkeiten als Vergleichsnormal herangezogen werden kann.

Musterproben sind daher bis zur Abnahme aufzubewahren.

Sofern es in Einzelfällen, wie beispielsweise bei individuellen Wandbekleidungen, notwendig ist, kann eine – über die jeweiligen Nebenleistungen der VOB/C hinausgehende – Bemusterung ausgeschrieben werden, in dem Umfang und Qualität der Muster festgelegt werden, die vom Auftragnehmer zu liefern bzw. zu erbringen sind.

Beispiel

Der Bauherr möchte die Farbe seiner Büroräume in einem „Musterbüro" sehen und sich dann entscheiden.

Diese Musterfläche geht über die vom Maler als Nebenleistungen geschuldeten drei Musterflächen mit einer Größe bis 1 m² hinaus (vgl. DIN 18363, Punkt 4.1.8).

In das Leistungsverzeichnis ist daher eine entsprechende Position für die Erstellung der Musterflächen aufzunehmen.

3 Bildung der Vergabeeinheiten

3.1 Begriffsbestimmung

In der Praxis werden z.B. bei Aluminiumfenstern die Leistungen der Leistungsbereiche „Metallbauarbeiten", „Verglasungsarbeiten" und „Beschlagsarbeiten" in den wenigsten Fällen getrennt ausgeschrieben.

Vielmehr werden diese Leistungsbereiche zur sogenannten **Vergabeeinheit** „Metallbau" zusammengefasst.

3.2 Einteilung

Bei der Einteilung ist zu beachten, dass man mit zunehmender Breite der Ausschreibung die Anzahl der Unternehmen, die an dieser Ausschreibung teilnehmen können, eingeschränkt wird. Denn die anbietenden mittelständischen Bauunternehmen – vor allem die des Ausbaus – sind auf die Erstellung bestimmter Bauelemente wie Aluminiumtüren oder Kunststofffenstern spezialisiert. Der Ausschreibende tut gut daran, wenn er diese markttypische Einteilung beachtet.

Berücksichtigt man die späteren Vergabeeinheiten schon bei der Erstellung der Baubeschreibung und führt diese konsequent über die Kostenermittlungsstufen fort, kann auf dieser Basis eine nach Vergabeeinheiten sortierte Ausschreibungsgrundlage erstellt und fortgeschrieben werden.

In der Praxis haben sich bestimmte Einteilungen etabliert, für die der Deutsche Vergabe- und Vertragsausschuss für Bauleistungen (DVA) Übersichten bietet, aus denen hervor geht, welche Leistungsbereiche in welchen Vergabeeinheiten sinnvoll gebündelt werden können (vgl. Abb. 27).

Es empfiehlt sich, den Vorschlägen des DVA zu folgen, weil anderenfalls

- die Zahl der Firmen, die an den Ausschreibungen teilnehmen können, erheblich eingeschränkt wird[29] und

- bei öffentlichen Auftraggebern Beschwerden über die Einteilung der Vergabeeinheiten auftreten können.

Greift der Ausschreibende hingegen auf die Vorschläge des DVA zurück, so kann er die Einteilung der Vergabeeinheiten entsprechend begründen.

3.3 Zusätzliche Einteilung in Lose

Unter Losen sind Teile einer Gesamtleistung zu verstehen. Hierbei spricht man

- von **Fachlosen**, wenn eine Unterteilung nach Fachgebieten vorliegt und

- von **Teillosen**, wenn es sich um räumlich aufgeteilte Leistungen handelt.

In der Praxis ist bis zu mittlerer Projektgröße eine nahezu ausschließliche Einteilung in Fachlose anzutreffen, die durch die Einteilung in geeignete Vergabeeinheiten gut systematisiert werden kann.

Wird auf Grund des Umfangs der Bauleistungen eine zusätzliche Einteilung in Teillose notwendig, so ist dies auch bei der projektorientierten Terminplanung durch eine zusätzliche Hierarchiestufe zu berücksichtigen.

3.3.1 Vergabe nach Fachlosen

Die **Vergabe nach Fachlosen** orientiert sich am Leistungsspektrum, das von den meisten ausführenden Unternehmen erbracht werden kann. Diese Art der Einteilung entspricht der Struktur der deutschen Bauwirtschaft und bildet den Regelfall nach § 4 Abs. 1 VOB/A.

Dabei kann die zusätzliche Abspaltung einer Vergabeeinheit von Vorteil sein, wenn

- die Spezialisierung einzelner Firmen genutzt werden soll oder

- die auszuführenden Leistungen zeitlich im Bauablauf weit auseinander liegen.

Mit der größeren Flexibilität ist jedoch auch der Nachteil verbunden, dass sich der auftraggeberseitige Bauleiter einem erhöhten Koordinierungsaufwand gegenüber sieht, weil er mehr Firmen auf der Baustelle zu koordinieren hat und mit einer größeren Zahl von Ansprechpartnern kommunizieren und verhandeln muss.

---

29 Mit der Folge, dass höhere Angebotssummen zu erwarten sind.

DIN 18...	Bezeichnung des Leistungsbereichs	Vorbereitende Arbeiten	Rohbauarbeiten	Putz- und Trockenbauarbeiten	Dacharbeiten (Winterfester Rohbau)	Betonsanierung	Fassadensanierung	Estrich	Fliesen, Natur- und Betonwerkstein	Boden, Parkett	Fenster (Holz, Metall, Kunststoff)	Türen (Holz, Metall, Kunststoff)	Trockenausbau	Raumbildende Konstruktionen	Gas-, Wasser- und Abwasser	Heizung, Warmwasser	Raumlufttechnik, TGA	Dämmarbeiten	Starkstrom, Fernmelde, IT	Gärtnerische Arbeiten	Sport- und Spielflächen	Straßen-, Brücken-, Gleisbauarbeiten	Allgemeiner Ingenieurbau	Wasserbauliche Anlagen
		Gruppe 1 – Vorbereitende Arbeiten und Rohbauarbeiten für Gebäude							Gruppe 2 – Ausbauarbeiten					Gruppe 3	Gruppe 4 – Technische Ausrüstung					Gruppe 5 – Außenanlagen				
300	Erdarbeiten	X																		X	X	X	X	X
303	Verbauarbeiten	X																						X
304	Rammarbeiten	X																						X
306	Entwässerungskanalarbeiten	X																			X	X	X	X
307	Druckrohrleitungen im EB																							X
308	Dränarbeiten																			X	X	X	X	X
311	Naßbaggerarbeiten																							X
313	Schlitzwandarbeiten	X																						
314	Spritzbetonarbeiten	X																						
315	Verkehrswegebauarbeiten																			X		X		
316	Verkehrswegebauarbeiten																					X		
317	Verkehrswegebauarbeiten																					X		
318	Verkehrswegebauarbeiten																					X		
320	Landschaftsbauarbeiten																			X	X	X	X	
330	Mauerarbeiten		X																					
331	Betonarbeiten		X		X															X	X	X	X	X
332	Naturwerksteinarbeiten								X											X	X	X	X	
333	Betonwerksteinarbeiten								X											X	X	X		
334	Zimmer- und Holzarbeiten				X								X	X						X	X			
335	Stahlarbeiten													X										
336	Abdichtungsarbeiten		X				X	X						X						X		X		
338	Dachdeckungs- und Dachabdichtungsarbeiten				X																			
339	Klempnerarbeiten				X									X										
340	Trockenbauarbeiten			X										X										
345	WDVS			X			X																	
350	Putz- und Stuckarbeiten			X			X							X										
351	Vorgehängte hinterlüftete Fassaden						X																	
352	Fliesen- und Plattenarbeiten								X															
353	Estricharbeiten							X																
355	Tischlerarbeiten										X	X												
356	Parkettarbeiten									X														
357	Beschlagarbeiten										X	X												
358	Rolladenarbeiten										X			X										
360	Metallbauarbeiten										X	X		X										
361	Verglasungsarbeiten										X	X		X										
363	Maler- und Lackierarbeiten						X	X			X	X		X						X	X	X	X	
364	Korrosionsschutzarbeiten an Stahlbauten							X						X						X	X	X	X	
365	Bodenbelagsarbeiten									X														
366	Tapezierarbeiten													X										
379	Raumlufttechnische Anlagen																X							
380	Heizanlagen und zentrale Wassererwärmungsanlagen															X								
381	Gas-, Wasser- und Entwässerungsanlagen														X									
382	Nieder- und Mittelspannungsanlagen																		X				X	
384	Blitzschutzanlagen																		X				X	
385	Förder- und Aufzugsanlagen	X															X						X	
386	Gebäudeautomation																		X				X	
421	Dämmarbeiten TGA																	X						
451	Gerüstarbeiten	X	X		X	X																		X

Abbildung 27: Vorschlag zur Zusammenstellung der Vergabeeinheiten nach DVA

Beispiel

Während der frühen Rohbauphase werden Abdichtungsarbeiten ausgeführt.

Diese Arbeiten können von der Ausführung der übrigen Dachdeckungs- und Dachabdichtungsarbeiten getrennt vergeben werden, wenn z.B. die Planung der Dachabdichtung noch nicht abgeschlossen ist.

3.3.2 Vergabe nach Teillosen

Bei der **Vergabe nach Teillosen** wird das Bauvorhaben in größere Abschnitte gegliedert, die getrennt vergeben werden.

Der Wunsch nach einer solchen Unterteilung ergibt sich zumeist aus dem Gedanken, umfangreiche Arbeiten an mehrere Unternehmen zu vergeben. Eine Vorgehensweise, die vor allem bei sehr großen Bauprojekten sinnvoll sein kann. Die Regelungen des § 5 Abs. 2 VOB/A entsprechen dem Leistungsumfang durchschnittlicher Unternehmen, um möglichst vielen die Teilnahme an der Ausschreibung zu ermöglichen und so den Wettbewerb zu intensivieren.

Ein weiterer Anwendungsfall ist die Einholung von Angeboten vorerst nur für das erste Los, um aus dessen Erfahrungen Schlüsse für die Ausschreibung der weiteren Lose zu ziehen.

Eine unerlässliche Voraussetzung für die Vergabe nach Teillosen ist deren praktische Umsetzbarkeit. Beispielsweise dürfen sich durch die Zerlegung der Leistungen keine Behinderungen der Auftragnehmer untereinander und keine Schnittstellenproblematiken bei der Gewährleistung ergeben.[30]

3.4 Gebäude- und ausführungsorientierte Kostengliederung

Die Kostenberechnung in Leistungsphase 3 wird in der Regel nach den Kostengruppen der DIN 276 strukturiert erstellt. Diese Sortierung der Kosten bezeichnet man als **gebäudeorientierte Kostengliederung**.

Für den Ausschreibungsprozess benötigt man aus Gründen der Zweckmäßigkeit jedoch eine Gliederung nach den vorgesehenen Vergabeeinheiten – **der ausführungsorientierten Kostengliederung**.

In dem Fall, dass die Kostenermittlung nach Bauelementen erfolgt ist, kann die Unterschreibung auf „Knopfdruck" erfolgen.

3.5 Budget einer Vergabeeinheit

Die Ausschreibungen der unterschiedlichen Vergabeeinheiten eines Bauvorhabens erfolgen i.d.R. zeitversetzt.[31] Um die Angebotssummen nicht nur untereinander vergleichen zu können bedarf es eines **Budgets**, an dem die Angebotssummen gemessen werden können. Dieses Budget ergibt sich aus der vorhergehenden Kostenermittlung – i.d.R. aus der Kostenberechnung.

Bei der Bewertung der Angebote ist zu prüfen, ob die Angebotssummen im Rahmen dessen liegen, was in der vorhergehenden Kostenermittlung dafür angenommen wurde. Anderenfalls droht die Gefahr, dass Abweichungen der tatsächlichen Kosten zur vorangegangenen Kostenberechnung zu spät erkannt werden, so dass kostensteuernde Maßnahmen nicht mehr wirksam greifen können (vgl. Abb. 28).

---

30 Vgl. Daub/ Piel/ Soergel, S.165.
31 Zunächst Rohbau und Gebäudehülle, schließlich der Ausbau.

Im Idealfall wurde bereits in der Kostenermittlung die Vergabeeinheit eindeutig mit angegeben. In diesem Fall kann die ausführungsorientierte Kostenermittlung quasi auf Knopfdruck erstellt werden.

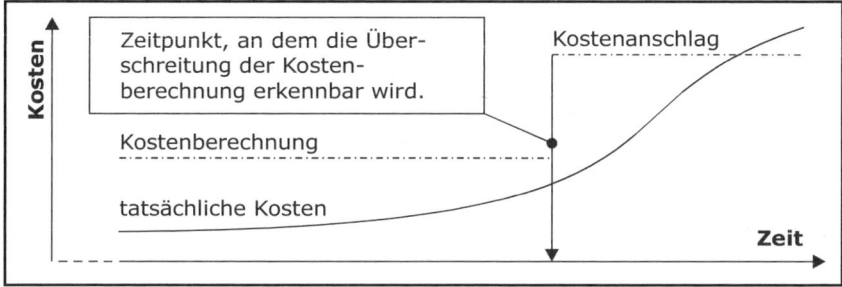

Abbildung 28: **Erkennbarkeit von Kostenüberschreitungen beim Fehlen von Budgets für die Vergabeeinheiten**

Anderenfalls sind die Budgets der Vergabeeinheiten zusätzlich zu ermitteln und zu dokumentieren.

Ein gangbarer Weg stellt bereits die Aufstellung einer Kostenermittlung nach Bauelementen dar. Hierzu ist in LP 3 zwar eine über die DIN 276 hinausgehende Genauigkeit notwendig, die Mehrarbeit zahlt sich jedoch schnell dadurch aus, dass

- eine höhere Genauigkeit der Kostenermittlung besteht,
- der Bauherr bereits die vorgesehene Qualität und die Kosten kennt und
- die Kostenermittlung über die folgenden Leistungsphasen durchgehend eingesetzt werden kann.

77

4   Ausschreibung

Die Form der Ausschreibung beeinflusst sowohl die Terminplanung des Ausschreibungsprozesses als auch die des Bauablaufs und ist daher für jedes Projekt sorgfältig und frühzeitig festzulegen. Sie beeinflusst die Arbeit der Bauleitung wesentlich, denn viele Diskussionen während der Bauausführung resultieren aus ungenau oder nachlässig erstellten Ausschreibungen.

Dieses Kapitel vermittelt das notwendige Wissen über den Ausschreibungsprozess und zeigt, dass die Vermeidung von Ausschreibungsfehlern einen reibungslosen Bauablauf begünstigt.

4.1   Die verschiedenen Auftraggeber

Bei der Ausschreibung und Vergabe von Bauleistungen ist hinsichtlich der Auftraggeberart zwischen öffentlichen und privaten Auftraggebern zu unterscheiden.

4.1.1   Öffentliche Auftraggeber

Bei dem Begriff **öffentlicher Auftraggeber** ist zwischen der institutionellen und der vergaberechtlichen Bedeutung zu differenzieren.

Auftraggeber im institutionellen Sinne sind der Bund, die Bundesländer, die Gemeinden und die Gemeindeverbände sowie sonstige juristischen Personen des öffentlichen Rechts. Ausgenommen sind Einrichtungen, die zu dem besonderen Zweck gegründet wurden, im Allgemeininteresse liegende Aufgaben zu erfüllen, die nicht gewerblicher Art sind.

Vergaberechtlich gelten auch einige privatrechtlich organisierte Auftraggeber als „öffentliche Hand". Zu öffentlichen Auftraggebern im Sinne des § 98 GWB gehören:

- Körperschaften z.B. wissenschaftliche Hochschulen, berufsständischen Vereinigungen, Sozialversicherungen,

- Anstalten und Stiftungen z.B. Studentenwerke und Versorgungsanstalten oder Kultur-, Wohlfahrts- und Hilfsstiftungen und

- Juristische Personen des Privatrechts, die der staatl. Kontrolle unterliegen oder nicht gewerblicher Einrichtungen, die im Allgemeininteresse tätig werden z.B. in den Bereichen Gesundheitswesen, Kultur, Soziales, Sport oder Bildung.

Öffentliche Auftraggeber sind an die Vorschriften der VOB/A „Allgemeine Be-stimmungen für die Vergabe von Bauleistungen" gebunden. Im Gegensatz zu privaten Auftraggebern sind für sie beispielsweise

- die anzuwendende Form der Ausschreibung,
- Verfahrensweisen zur Erstellung von Leistungsbeschreibungen oder
- Kriterien bezüglich der Angebotswertung und -prüfung

vorgegeben.

4.1.2 Private Auftraggeber

Die **privaten Auftraggeber** unterliegen keinen Vergabebestimmungen; sie sind deshalb nicht zur Einhaltung der VOB/A verpflichtet, können diese aber je nach Erfordernissen des Bauvorhabens frei wählen.

Eine Ausnahme bildet das Bauen mit öffentlichen Mitteln: wenn das Bauvor-haben zu mehr als 50 v.H. durch öffentliche Subventionen finanziert wird, ist im Zuwendungs- bzw. Bewilligungsbescheid i.d.R. die Einhaltung der VOB verlangt. Im Bescheid können darüber hinaus noch weitere Bedingungen an die Ausschreibung gestellt sein. Der Ausschreibende sollte entsprechende Bescheide in dieser Hinsicht sorgfältig prüfen, um Überraschungen bei den nach Abschluss des Projektes zu führenden Verwendungsnachweisen der Mittel zu vermeiden.

4.1.3 Sektorenauftraggeber

Für Auftraggeber bestimmter, im öffentlichen Interesse liegender Sektoren gelten ebenfalls besondere Vorschriften, die in den Vergaberichtlinien nach VOB/A-b-Paragraphen und der Sektorenrichtlinie geregelt sind. Als Sektoren-tätigkeiten gelten u.a.:

- Bereitstellung und Betreiben von Netzen zur Versorgung der Öffentlich-keit im Bereich des Verkehrs auf der Schiene,
- Weiterleitung und Verteilung von Gas und Wärme,
- Müllbeseitigungsverbände,
- Schürfen und Gewinnen von Öl, Gas, Kohle und anderen festen Brenn-stoffen,
- Eisenbahndienste, städtische Eisenbahnen, Straßenbahnen, Oberlei-tungsbusse und
- Flughafendienste.

4.2 Die Bedeutung der VOB/A

Die VOB/A ist das Regelwerk für die öffentliche Auftragsvergabe. Dabei handelt es sich um Vorschriften, die für öffentliche Auftraggeber verbindlich sind.

Bei mit öffentlichen Mitteln geförderten Baumaßnahmen wird regelmäßig die Einhaltung der VOB durch die Förderstellen zur Auflage gemacht. In diesen Fällen müssen sich auch private Auftraggeber an die VOB/A halten, um die Förderbedingungen der öffentlichen Mittel zu erfüllen.

In der Praxis wird die VOB von den meisten privaten Auftraggebern vereinbart, weil sie einen fairen Ausgleich zwischen den Interessen von Auftraggeber und Auftragnehmer sicherstellt (VOB/B) und fachspezifische Regelungen beinhaltet, die der Baupraxis gerecht werden (VOB/C).

Der Teil A der VOB ist in die vier Abschnitte

- Basisparagraphen,
- a-Paragraphen,
- b-Paragraphen und
- Sektorenrichtlinien

gegliedert, die im Folgenden beschrieben werden.

VOB/A Basisparagraphen

Die Basisparagraphen regeln die Vergabe unterhalb der Schwellenwerte der Vergabeverordnung. Dies bedeutet, dass ein Bauvorhaben mit geschätzten Baukosten unter den Schwellenwerten nur national ausgeschrieben werden muss. Die Schwellenwerte betragen zur Zeit

- für den Gesamtauftragswert einer Baumaßnahme netto 5,278 Mio. EUR und
- für die losweise Vergabe netto 1 Mio. EUR.

Die folgenden Abschnitte der VOB/A haben jeweils die Basisparagraphen zur Grundlage. Das heißt, sie ersetzen sie nicht, sondern sie ergänzen sie. Die Basisparagraphen gelten immer.

VOB/A-a-Paragraphen

Der 2. Abschnitt der VOB/A, der die sogenannten a-Paragraphen enthält, ist zusätzlich zu den Basisparagraphen anzuwenden, wenn die geschätzten Auftragswerte die Schwellenwerte überschreiten.

VOB/A-b-Paragraphen und Sektorenrichtlinie

Den 3. und 4. Abschnitt der VOB/A bilden die b-Paragraphen und die Paragraphen der Sektorenrichtlinie. Diese Regelungen sind für Bauaufträge im Bereich der Wasser-, Energie-, und Verkehrsversorgung sowie Postdienste von Bedeutung.

Hinweis

In Zweifelsfällen ist schon frühzeitig genau zu prüfen, welche Vergabevorschriften zu beachten sind, um sicherzustellen, dass die jeweils notwendigen Vorlaufzeiten für den Ausschreibungsprozess eingehalten werden können.

4.3 Verordnung über die Vergabe öffentlicher Aufträge

4.3.1 Allgemeines

Die Verordnung über die Vergabe öffentlicher Aufträge (VgV) oder kurz **Vergabeverordnung** trifft nähere Bestimmungen über das bei der Vergabe öffentlicher Aufträge einzuhaltende Verfahren sowie über die Zuständigkeit und die Durchführung von Nachprüfungsverfahren für öffentliche Aufträge, deren geschätzte Auftragswerte die in § 2 VgV geregelten Schwellenwerte ohne Umsatzsteuer erreichen oder übersteigen.

Die Verfahren unterliegen einer strengen Organisation mit Formen und Fristen. Die einzelnen Schritte, die je nach Vergabeart notwendig sind, können Abb. 32, S. 89 entnommen werden.

Weil Verstöße zur Aufhebung oder Neuaufstellung des Verfahrens führen können, ist hier besondere Sorgfalt geboten.

4.3.2 Nationale Vergabe

4.3.2.1 Öffentliche Ausschreibung

Das Ziel des Vergaberechts ist das wirtschaftlichste Angebot in einem unbeschränkten freien Wettbewerb zu erhalten. Die öffentliche Ausschreibung ist dafür das vorrangige Verfahren und für öffentliche Auftraggeber der Regelfall.

Bei der **Öffentlichen Ausschreibung** ist die beabsichtigte Ausschreibung öffentlich bekannt zu machen, um jeden Interessierten die Möglichkeit zu geben, davon Kenntnis zu erlangen und am Verfahren teilzunehmen. Für die Veröffentlichung stehen verschiedene Medien und Plattformen zur Verfügung, die noch unter D.4.4.2.1 f. beschrieben werden.

Aufgrund des größeren Bewerberkreises sind zahlreiche Angebote und ein niedriges Preisniveau zu erwarten. Bei größeren Bauprojekten bietet sich dieses Verfahren auch für Auftraggeber an, die nicht an die VgV gebunden sind.

Der (öffentliche) Auftraggeber hat bei diesem Verfahren grundsätzlich das wirtschaftlichste Angebot auszuwählen und den Zuschlag an diesen Unternehmer zu vergeben.

Von der öffentlichen Ausschreibung kann nur unter den Bedingungen des § 3 VOB/A abgesehen werden.

4.3.2.2 Beschränkte Ausschreibung

Die **beschränkte Ausschreibung** bietet zwei Möglichkeiten für den Auftraggeber: Sie kann über eine direkte Aufforderung zur Angebotsabgabe an den Bieter oder über einen öffentlichen Teilnahmewettbewerb erfolgen; letztgenannter wird hier nicht weiter besprochen.

Bei der beschränkten Ausschreibung trifft der Auftraggeber hinsichtlich der Bewerber vorab eine Auswahl. Das heißt, lediglich ein ausgewählter Kreis von Unternehmen wird um Abgabe eines Angebots gebeten. Nach § 6 Abs. 2 Satz 2 VOB/A sollten das idealerweise 3 Bewerber sein.

Dieses Verfahren ist für öffentliche Auftraggeber zulässig, wenn es gemäß § 3 Abs. 2 VOB/A die Eigenart der Leistung oder besondere Umstände rechtfertigen. Dies könnten insbesondere Gründe der Geheimhaltung, große Eile, hohe Komplexität oder eine fruchtlose öffentliche Ausschreibung sein.

Der Auftraggeber prüft schon bei der Vorauswahl die Eignung der Bieter; eine nochmalige Prüfung im Zuge der Angebotsprüfung ist nicht zulässig.[32]

Die Form der Beschränkten Ausschreibung wird gewählt, um nur Unternehmen zur Angebotsabgabe aufzufordern, die

- aufgrund guter Erfahrungen,
- auf Empfehlung anderer Auftraggeber,
- aufgrund ihrer Spezialisierung für bestimmte Bauverfahren oder
- nach den Wünschen des Bauherren

ausgewählt werden.

4.3.2.3 Freihändige Vergabe

Bei der **freihändigen Vergabe** wird die Bauleistung durch den Auftraggeber ohne formelle Vorschriften vergeben.

---

32 Vgl. Niebuhr/ Kus, Rn. 82.

Dieses Verfahren ist für öffentliche Auftraggeber nur in den in § 3 Abs. 4 VOB/A genannten Ausnahmefällen zulässig, da es eine subjektive Auftragsvergabe nach privaten oder geschäftlichen Beziehungen begünstigt und oft keine objektive Prüfung der Bieter erfolgt.

Da dieses Verfahren der Vetternwirtschaft Tür und Tor öffnet, sollte es nur in den in § 3 Abs. 4 VOB/A genannten Fällen zum Einsatz kommen. Auftraggeber, die der VgV nicht genügen müssen, nutzen die Möglichkeit der freihändigen Vergabe ebenfalls nur in besonderen, ähnlich gelagerten Fällen, da die Möglichkeit für Preisvergleiche und Wertungen nicht gegeben ist.

4.3.3 Europaweite Ausschreibungsverfahren

4.3.3.1 Offenes Verfahren

Vom Wesen her gleicht das für europaweite Ausschreibungen geltende **offene Verfahren** – mit der Pflicht, die Vergabe des Bauauftrags öffentlich bekannt zu machen – der öffentlichen Ausschreibung. Hinzu kommt die Vorschaltung einer Vorinformation.

Nach der Bewertung der eingetroffenen Angebote wird der Zuschlag an das wirtschaftlichste Angebot erteilt.

4.3.3.2 Nichtoffenes Verfahren

Das **nichtoffene Verfahren** wird ebenfalls über eine Bekanntmachung i.d.R. mit Vorinformation veröffentlicht. Anschließend werden aus den Teilnahmeanträgen die am besten geeigneten Teilnehmer ausgewählt und zur Abgabe eines Angebot aufgefordert. Das wirtschaftlichste Angebot erhält den Zuschlag.

4.3.3.3 Verhandlungsverfahren

Dieses Verfahren darf grundsätzlich nur durchgeführt werden, wenn

* im offenen oder nichtoffenen Verfahren keine zu wertenden Angebote abgegeben wurden oder
* das Bauvorhaben so komplex ist, dass die zu erbringende Leistung objektiv nicht eindeutig beschrieben werden kann.[33]

Zudem ist eine vorheriger Bekanntgabe notwendig.

Analog zu dem nichtoffenen Verfahren richtet sich der Auftraggeber an einen beschränkten Kreis von Bietern, möglich ist die direkte Benennung einzelner Unternehmer sowie ein öffentlicher Teilnahmewettbewerb.

---

33 Vgl. Blecken/ Bielefeld, S. 18.

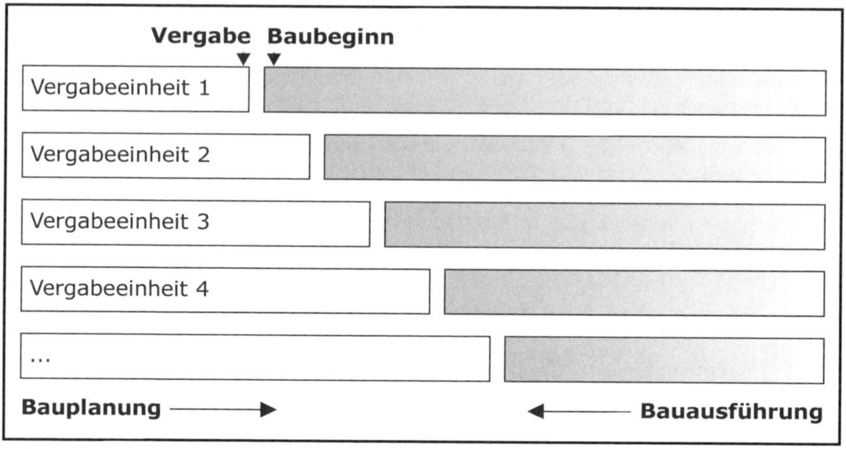

Abbildung 29: Schematische Darstellung der Verzahnung von Planung und Bauausführung

Das Verfahren ist im Gegensatz zum nichtoffenen Verfahren keine Alternative zum offenen Verfahren, sondern verfolgt die Intention, Verhandlungen zwischen Auftraggeber und Bietern über Inhalt und Preis des Angebots zu ermöglichen.

Das Verhandlungsverfahren schränkt den Wettbewerb beträchtlich ein und ist anfällig für unzulässige Absprachen der Bieter; es ist daher nur in besonderen Fällen einzusetzen.

4.3.3.4   Wettbewerblicher Dialog

Bei komplexen Bauaufgaben ist es im Vorfeld schwierig zu beurteilen, welche technische Lösung am wirtschaftlichsten und praktikabelsten ist. Hier bietet der wettbewerbliche Dialog eine Lösung.

Zunächst erfolgt die europaweite Bekanntmachung der Anforderungen und Bedürfnisse.

Im Anschluss daran beginnt die eigentliche Dialogphase, in der mögliche Lösungen weiterentwickelt werden und Lösungen, die nicht den Zuschlagskriterien entsprechen, aussortiert werden. Bieter, die nicht für die weiteren Dialogphasen in Betracht kommen, sind davon unverzüglich in Kenntnis zu setzen.

Der Dialog gilt als abgeschlossen, wenn eine Lösung für die Bauaufgabe gefunden ist oder wenn abschließend keine Lösung gefunden wird. Über die Beendigung der Dialogphase sind die Unternehmen zu informieren.

Auf der Grundlage der in der Dialogphase erarbeiteten Lösung erstellen die verbleibenden Bieter ihre Angebote. Zudem kann der Auftraggeber auch Pläne, Zeichnungen und Berechnungen unter Einhaltung einer angemessenen Frist anfordern. Dafür kann der Bieter je nach Aufwand eine Entschädigung verlangen.

Die Angebote werden nach den Zuschlagskriterien und der Eignung der Bieter gewertet; das wirtschaftlichste Angebot erhält den Zuschlag.

Der wettbewerbliche Dialog stellt derzeit noch einen seltenen Sonderfall dar, der hier nur der Vollständigkeit halber aufgeführt wird.

4.4 Ausschreibungsprozess

4.4.1 Terminplanung des Ausschreibungsprozesses

4.4.1.1 Allgemeines

Aufgrund enger Terminvorgaben durch den Bauherrn laufen die Planungsphase und die Ausführungsphase in der Baupraxis häufig parallel zueinander ab. Um dies möglichst zeitsparend zu realisieren, empfiehlt sich eine **Verzahnung von Planung und Bauausführung** (vgl. Abb. 29).[34]

Die dazu notwendigen Basisinformationen sind zum einen die zu bildenden Vergabeeinheiten und zum anderen der geplante Baubeginn dieser Einheiten.

4.4.1.2 Die Dauern der einzelnen Verfahrensschritte

Für die Terminplanung des Ausschreibungsprozesses ist von Bedeutung, wann der Baubeginn für die jeweilige Vergabeeinheit geplant ist und wann die Vergabe spätestens erfolgen muss. Die Termine für den Baubeginn der einzelnen Vergabeeinheiten hat der Planer bereits in der zuvor erstellten Terminplanung der Ausführung festgelegt (Vgl. Kapitel B).[35]

Neben den erforderlichen Fristen im Ausschreibungsprozess sind zusätzlich die Vorlaufzeiten der Auftragnehmer (Bauvorbereitungen, Lieferzeiten, Personalplanung, etc.) zu beachten, damit der geplante Baubeginn eingehalten werden kann.

Auf dieser Grundlage wird der spätest mögliche Termin für die Vergabe der Leistungen und daraus resultierend der Termin für den Beginn der Ausschreibung ermittelt.

---

34 Vgl. Feuerabend/ Bielefeld, S. 14 / f.
35 Hier wird der Vorteil einer durchgehenden Systematik in Kosten, Qualitäten und Terminen deutlich.

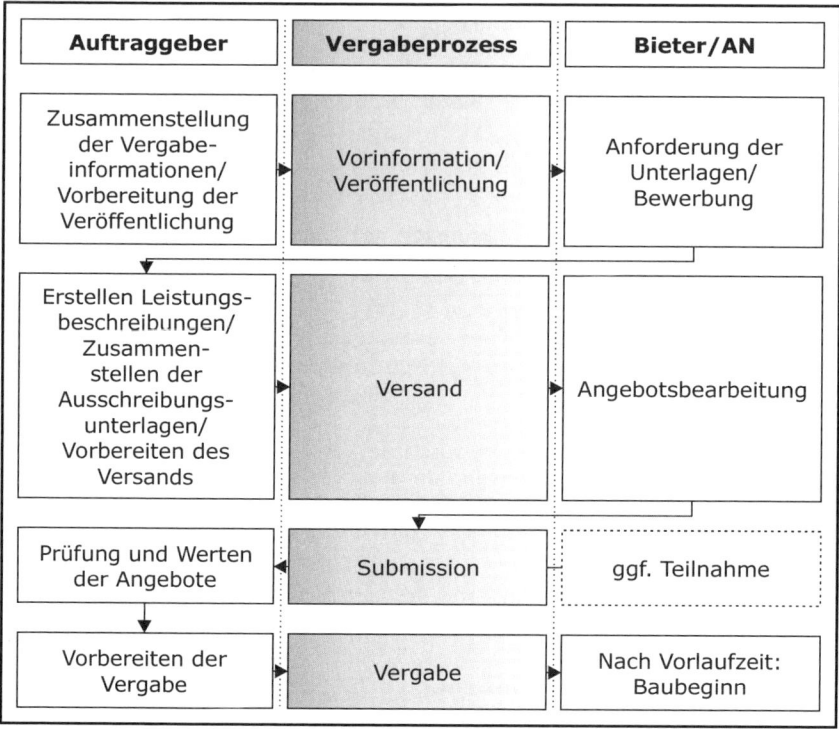

Abbildung 30: Schritte des Ausschreibungsprozesses

In dem so eingegrenzten Zeitraum sind alle zur Durchführung der Vergabe notwendigen Schritte vorzunehmen (vgl. Abb. 30):

- Vorinformation, Veröffentlichung der Ausschreibung,
- Zulassungsphase mit Einhaltung der Bewerbungsfrist,
- Versand der Ausschreibungsunterlagen an die Bieter unter Vorgabe einer ausreichenden Angebotsfrist,
- Submission,
- Prüfen der Teilnehmer,
- Auswertung der Angebote,
- Angebotsverhandlungen und
- Vergabe der Leistung.

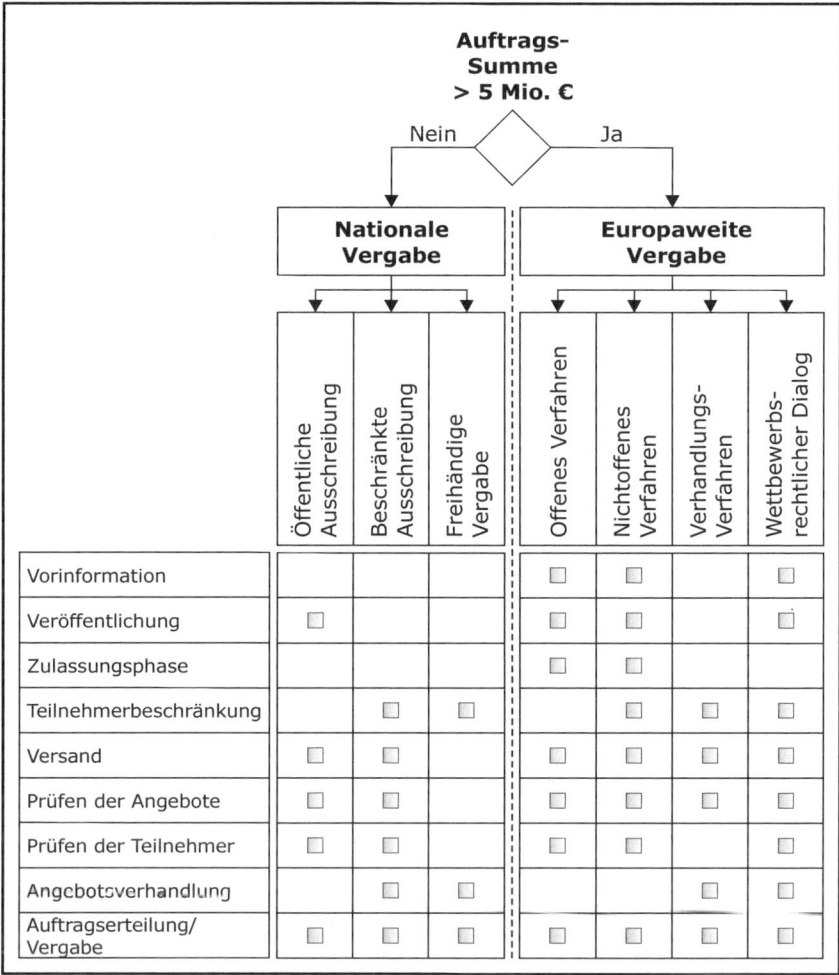

Auftrags-Summe > 5 Mio. €
Nein → Nationale Vergabe
Ja → Europaweite Vergabe

	Öffentliche Ausschreibung	Beschränkte Ausschreibung	Freihändige Vergabe	Offenes Verfahren	Nichtoffenes Verfahren	Verhandlungs-Verfahren	Wettbewerbs-rechtlicher Dialog
Vorinformation				☐	☐		☐
Veröffentlichung	☐			☐	☐		☐
Zulassungsphase				☐	☐		
Teilnehmerbeschränkung		☐	☐		☐	☐	☐
Versand	☐	☐		☐	☐	☐	☐
Prüfen der Angebote	☐	☐		☐	☐	☐	☐
Prüfen der Teilnehmer	☐	☐		☐	☐		☐
Angebotsverhandlung		☐	☐			☐	☐
Auftragserteilung/ Vergabe	☐	☐	☐	☐	☐	☐	☐

Abbildung 31: Die verschiedenen Ausschreibungsarten und deren Einzelschritte

Abbildung 31 gibt darüber Auskunft, inwieweit je nach Ausschreibungsverfahren diese Schritte für den jeweiligen Auftraggeber obligatorisch, fakultativ oder untersagt sind.

Die **Fristen** wie die Bewerbungsfrist, die Angebotsfrist und die Zulassungsfrist sind für öffentliche Auftraggeber in der VOB/A geregelt. Private Auftraggeber sind zwar nicht an die Einhaltung der VOB/A gebunden, jedoch empfiehlt sich auch für sie, ausreichende Fristen im Ausschreibungsverfahren einzuplanen und praxisnahe, realistische Dauern für die Bearbeitung und Planung zu berücksichtigen. Denn eine gut koordinierte und sorgfältig durchdachte, rechtzeitige Ausschreibung bildet die Basis für einen reibungslosen Bauablauf und die Einhaltung der Kosten- und Terminplanung.

Bei einer Vielzahl kleinerer und mittlerer Bauvorhaben wird teilweise die Freihändige Vergabe angewandt. Hierbei haben sich folgende Erfahrungswerte bewährt:

- Angebotsfrist :   2 Wochen
- Zuschlagsfrist: 2 Wochen
- Vorlaufzeit: 2-4 Wochen je nach Leistungsbereich

Eine Übersicht über die wesentlichen Fristen der europaweiten Vergabe gibt Abbildung 32.

4.4.2 Die Verfahrensschritte im Einzelnen

4.4.2.1 Vorinformation

Die Vorinformation findet bei der europaweiten Vergabe Anwendung. Beim offenen Verfahren ist sie obligatorisch, bei den anderen Verfahren fakultativ.

Sie enthält die Angaben nach § 12a Abs. 1 VOB/A und liefert interessierten Unternehmen frühzeitig die Informationen, die die wesentlichen Merkmale betreffen. Dies sind

- Name, Art und Anschrift des öffentlichen Auftraggebers,
- Name und Art des Auftragsgegenstandes,
- Art und Umfang der Bauarbeiten,
- Kostenrahmen,
- voraussichtliches Zeitfenster (Beginn und Abschluss der Arbeiten),
- Finanzierungs- und Zahlungsbedingungen,
- Vorinformation über Losaufteilung und
- Sonstiges.

Die Vorinformation ist ein Textdokument, das elektronisch erstellt werden kann. Der Auftraggeber ist zur Veröffentlichung der Vorinformation im Supplement zum Amtsblatt der Europäischen Gemeinschaft und in der Datenbank TED[36] verpflichtet.

Die Kommission der Europäischen Gemeinschaft stellt über die Internetseite von SIMAP[37] die Vorinformationen zur Verfügung. Die gedruckte Version des Supplements ist vor einiger Zeit eingestellt worden.

Weitere Veröffentlichungen können auch national in Tageszeitungen, amtlichen Veröffentlichungen oder Fachzeitschriften erfolgen.

---

36 TED: Tenders Electronic Daily, enthält europaweite Ausschreibungen oberhalb der Schwellenwerte.

37 SIMAP: http://simap.europa.eu, liefert Hintergrundinformationen, Links und automatische Austauschtools für öffentliche Auftraggeber und Unternehmen.

1. Angebotsfrist, Bewerbungsfrist (Regelfristen)						
Art der Frist	Frist gerechnet	Offenes Verfahren	Nichtoffenes Verf. und Wettb. Dialog		Verhandlungs-verfahren	
		Regelfrist	Regel-frist	Beschl. Ver-fahren	Regel-frist	Beschl. Ver-fahren
Bewerbungs-frist	Vom Tag nach Absendung d. Bekanntm.	-	37	15	37	15
Angebots-frist	Vom Tag nach Absenung der Bekanntm.	52	-	-	-	-
	Vom Tag nach Absenung der Aufforderung zur Angebots-abgabe	-	42	10	-	-
2. Verkürzte Angebotsfrist bei Vorinformation						
Bewerbungs-frist b. Vor-information	Vom Tag nach Absenung der Bekanntm.	37 Soll 22 min.	-	-	-	-
Angebots-frist	Vom Tag nach Absenung der Bekanntm.	-	26	10	-	-
3. Vergabeunterlagen und Auskunftserteilung						
Übersend-ung der Unterlagen	Vom Tag nach Eingang des Antrags	6	-	-	-	-
Auskunfts-erteilung	Tag vor Ablauf der Angebotsfrist	6	6	4	6	4
4. Unterrichtung nicht berücksichtigter Bewerber und Bieter						
Unterrichtung der nicht-berücksichtigten Bieter	Für alle Verfahren: Spätestens 14 Kalendertage vor Auftragserteilung					
Unterrichtung der nicht-berücksichtigten Bewerber auf Verlangen	Für alle Verfahren: Innerhalb von 15 Tagen nach Eingang des Antrags					
5. Bekanntmachung der Auftragserteilung						
Übermittlung der Bekannt-machung an das Amt für amtliche Veröffentlichungen der EG	Für alle Verfahren: Spätestens 48 Kalendertage nach Auftragserteilung					

Abbildung 32: Übersicht über die wesentlichen Fristen der europaweiten Vergabe

	Veröffentlichung		Vorlauf				Kosten	Reichweite		Erscheinungsweise				Daten-übermittlung			
	Internet	Print	ohne	1 Tag	2 Tage	3 Tage		BRD	EU	täglich	1/Woche	2/Woche	3/Woche	Postweg	Telefax	E-Mail	Online
Deutscher Auftragsdienst www.dtad.de	☐	☐						☐	☐							☐	
Deutsches Ausschreibungsblatt www.deutsches-ausschreibungsblatt.de	☐	☐	☐					☐	☐						☐	☐	☐
Dt. Baustellen-Informationsdienst www.bauakquise.de	☐	☐		☐				☐	☐	☐						☐	
ibau www.ibau.de	☐	☐	☐					☐				☐					☐
Subreport www.subreport.de	☐	☐		☐				☐	☐							☐	☐
Submissions-Anzeiger www.submission.de	☐	☐			☐			☐	☐							☐	
Tageszeitung z.B. FAZ www.faz.net		☐	☐					☐	☐	☐				☐	☐	☐	
VergabeReport www.vergabereport.de	☐	☐						☐	☐	☐						☐	☐

Abbildung 33: Organe zur Veröffentlichung von Ausschreibungen

4.4.2.2 Bekanntmachungs- und Zulassungsphase

Die Bekanntmachung soll einen ordnungsgemäßen Wettbewerb sicherstellen, in dem die geplante Ausschreibung vorab bekannt gemacht wird. Abb. 33 enthält eine Liste der etablierten Organe für Bekanntmachungen.

Die Bekanntmachung für eine Öffentliche Ausschreibung mit Inhalt, Veröffentlichungsmedium, Art und Inhalt des Leistungsverzeichnisses, Art der Antragsstellung ist in § 12 VOB/A geregelt; § 12a VOB/A regelt die Bekanntmachung bei der europaweiten Vergabe.

Im Gegensatz zur allgemein gehaltenen Vorinformation bietet die Bekanntmachung dem Bieter detailliertere Angaben und Informationen zum Auftraggeber, zum Auftrag, den wesentlichen Auftragsbedingungen und dem Ablauf des bevorstehenden Verfahrens.

Für den öffentlichen Auftraggeber wird mit der in VOB/A geregelten Bekanntmachung das Vergabeverfahren eingeleitet. In § 12 VOB/A sind

- Inhalt,
- Veröffentlichungsmedium,
- Art und Inhalt des Leistungsverzeichnisses und
- Art der Antragsstellung

für die nationale Vergabe geregelt; § 12a VOB/A regelt die Bekanntmachung bei der europaweiten Vergabe.

Eine zusätzliche elektronische Bekanntmachung ist grundsätzlich zulässig und bringt Vorteile, weil über das Internet anders als durch die Bekanntmachung in der Tageszeitung auch überregionale Anbieter erreicht werden können. Eine Bekanntmachung ausschließlich auf elektronischem Wege ist zur Zeit noch unzulässig. In jedem Fall müssen die Inhalte der konventionellen und elektronischen Bekanntmachung identisch sein.

In der Zeit zwischen Bekanntmachung und Versand der Ausschreibungen, der Zulassungsphase, werden auftraggeberseitig die Anfragen der potenziellen Bieter erfasst und es wird geprüft, ob die Bewerber die Kosten für die Erstellung und den Versand der Ausschreibungsunterlagen entrichtet haben. Die entsprechende Anzahl Ausschreibungsunterlagen wird zusammengestellt und auf den Versand vorbereitet.

Für diese Tätigkeiten ist eine Dauer von mindestens zwei Wochen einzuplanen. Der Auftraggeber sollte darauf achten, dass der Termin für die Bewerbung mindestens eine Woche vor dem Termin für den Versand der Unterlagen liegt, da zuvor die Zahlungen für die Ausschreibungsunterlagen für jeden Bewerber nachgehalten werden müssen.

4.4.2.3   Versand

Beim Versand der Ausschreibungsunterlagen ist zwischen

a) Ausschreibungsverfahren mit öffentlichem Bieterkreis und

b) Ausschreibungsverfahren mit beschränktem Bieterkreis

zu unterscheiden. Der Versand der Unterlagen erfolgt an alle Bieter am gleichen Tag.

Zu a) Ausschreibungsverfahren mit öffentlichem Bieterkreis

Die Ausschreibungsunterlagen werden an die Bewerber versandt, die sich auf die öffentliche Ausschreibung erfolgreich beworben haben.

Zu b) Ausschreibungsverfahren mit beschränktem Bieterkreis

Bei der Beschränkten Ausschreibung werden die Ausschreibungsunterlagen mit der Aufforderung zur Abgabe eines Angebots an einen zuvor ausgewählten Bieterkreis versandt.

4.4.2.4 Angebotsfrist

Die Angebotsfrist beginnt mit dem Versand der Ausschreibungsunterlagen und stellt für die Bieter den Zeitraum zur Erstellung und Einreichung der Angebote dar. Für die nationalen Ausschreibungsverfahren sollte diese Frist gemäß § 10 Abs. 1 VOB/A ausreichend bemessen sein und **auch bei Dringlichkeit 10 Kalendertage nicht unterschreiten.**

In der Praxis werden gerade bei der Beschränkten und Freihändigen Vergabe wesentlich kürzere Bearbeitungszeiten vorgegeben. Die Folgen sind eine geringere Anzahl an Angeboten und daraus resultierend ein möglicherweise höheres Preisniveau.

Innerhalb der Angebotsfrist können die abgegeben Angebote von den Bietern zurückgezogen werden. Hierbei ist zu beachten, dass der Widerruf schriftlich erfolgen muss und mit dem Zugehen, welches der Bieter nachweisen muss, wirksam wird.

Die Angebotsfrist läuft mit dem Eröffnungstermin ab, der in Tag und Stunde genau festgelegt ist.

4.4.2.5 Submission

Nach § 14 Abs. 1 VOB/A sind sämtliche Bieter oder ihre Bevollmächtigten zur Teilnahme zugelassen. Bestehen Zweifel an der Teilnahmeberechtigung, so hat der Betroffene seine Autorisierung nachzuweisen. Sind alle Teilnehmer überprüft und eine Teilnehmerliste erstellt, werden die bis zu diesem Zeitpunkt sicher aufbewahrten, noch verschlossenen Angebote in Anwesenheit aller geöffnet, gekennzeichnet und in Teilen verlesen.

Zur Unterstützung des Verhandlungsleiters fertigt ein Schriftführer das Protokoll an.

Zunächst wird geprüft, ob alle Angebote verschlossen und unversehrt sind, und etwaige Feststellungen hierüber im Protokoll festgehalten.

Hinweis

Angebote, die per Telefax übermittelt wurden, sind auszuschließen, weil bei der Übermittlung als Telefax das Geheimhaltungsgebot nicht erfüllt ist. Der Angebotsinhalt könnte vor dem Eröffnungstermin bekannt werden und anderen Bietern die Anpassung ihrer Angebote ermöglichen.

Die Angebote werden geöffnet und mit einem Eingangsstempel gekennzeichnet. Es folgt das Verlesen aller wichtigen Details der Angebote, wie

- Name,
- Ort,
- Angebotssumme,
- Preisnachlässe,
- Änderungsvorschläge,
- Nebenangebote.

Die Bieter haben während des Termins das Recht, Änderungsvorschläge und Nebenangebote anderer Bieter einzusehen.

4.4.2.6 Zuschlagsfrist und Bindefrist

Die **Zuschlagsfrist** beginnt mit dem Eröffnungstermin und umfasst den Zeitraum, innerhalb dessen die Erteilung des Zuschlags vorgesehen ist. Sie ist so kurz wie möglich zu halten und richtet sich nach der für die Prüfung und Auswertung der Angebote erforderlichen Zeit, sollte nach § 10 Abs. 6 VOB/A im Regelfall jedoch nicht mehr als 30 Kalendertage betragen. Das Ende der Zuschlagsfrist ist durch die Angabe des genauen Kalendertages zu bezeichnen.

Die **Bindefrist** ist die Zeitspanne, in der ein Bieter an sein Angebot gebunden ist. Für den Bieter sowie für den Auftraggeber ist eine Bindefrist, die einen angemessenen Zeitraum nach der Zuschlagsfrist endet, von Vorteil, da bei Problemen in der Auftragsvergabe ggf. auf andere Angebote zurückgegriffen werden muss und kann.

4.5 Erstellen der Leistungsbeschreibung

Nach § 7 Abs. 1 VOB/A muss die Beschreibung der Leistung eindeutig und erschöpfend erfolgen. Da die Leistungsbeschreibung die Grundlage zur Ermittlung der Preise für den Unternehmer bildet, muss auf diese Weise die Verständlichkeit für alle Bewerber und somit deren sichere Preisermittlung gewährleistet werden. Dabei dürfen dem Auftragnehmer keine ungewöhnlichen Wagnisse für Umstände und Ereignisse, auf die er keinen Einfluss hat und dessen Auswirkungen auf Preise und Fristen er nicht im Voraus beurteilen kann, auferlegt werden. Die VOB/A unterscheidet zwischen

- Leistungsbeschreibung mit Leistungsverzeichnis (D.4.5.1) und
- Leistungsbeschreibung mit Leistungsprogramm (D.4.5.2).

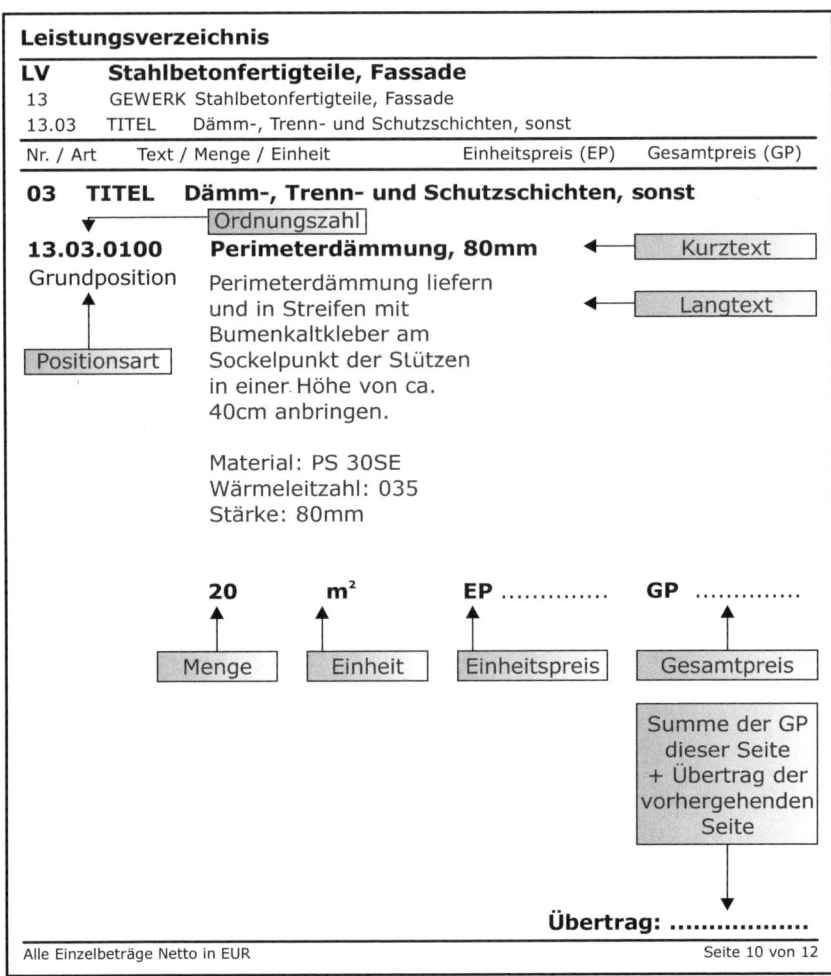

Abbildung 34: Aufbau einer Leistungsbeschreibung mit Leistungsverzeichnis

Zur Erstellung eines Leistungsverzeichnisses werden AVA-Programme verwendet. Diese bieten dem Nutzer vorgefertigte Textbausteine, die Möglichkeit der Datenverwaltung von der Ausschreibung bis zur Vergabe und die softwareunterstützte Erstellung des Leistungsverzeichnisses. Außerdem bieten sie die Möglichkeit, dem Bieter die Ausschreibung digital zur Verfügung zu stellen und so die eingehenden Angebote ohne großen Zeitaufwand in die eigene Datenbank einzupflegen, so dass z.B. Preisspiegel zur Wertung der Angebote automatisch generiert werden können.

4.5.1 Leistungsbeschreibung mit Leistungsverzeichnis

Bei einer Leistungsbeschreibung mit Leistungsverzeichnis wird die Bauaufgabe in der Regel durch

- ein in Teilleistungen gegliedertes Leistungsverzeichnis (vgl. Abb. 34),
- einer Baubeschreibung und
- ggf. durch Zeichnungen

beschrieben.

Dabei sind Leistungen, welche nach ihrer technischen Beschaffenheit und für die Preisbildung als gleichartig anzusehen sind, unter einer Ordnungszahl aufzunehmen, der so genannten Position.

Technische Angaben oder Maßangaben, die sich auf mehrere Positionen oder auf das ganze Leistungsverzeichnis beziehen, können als Vorbemerkungen den Positionen vorstehen.

4.5.1.1 Gliederung eines Leistungsverzeichnisses

Die Positionen des Leistungsverzeichnisses sind aufgeteilt in

- den **Kurztext**, der die Überschrift die Position bildet, und
- den **Langtext**, der die Leistung mit allen technischen Angaben, Maßen und Qualitäten beschreibt.

Zu jeder Position gehört die Mengenangabe mit Mengeneinheit.

Das Leistungsverzeichnis beginnt auf unterster Ebene mit der Position und ihrer zugehörigen Ordnungszahl, die dazu dient, jede Leistung eindeutig benennen zu können.

Zusammengehörige Positionen können in Titeln zusammengefasst werden. Das kann sinnvoll sein, um die **Struktur der Kostenermittlung** mit der Ausschreibung und Abrechnung kompatibel zu halten.

Sinnvoll ist es aus Sicht des Autors, die Bauelemente als Struktur für Leistungsverzeichnis zu verwenden. Ein Bauelement entspricht in der Regel einem Titel mit mehreren LV-Positionen (vgl. Abb. 35, nächste Seite).

Dabei sind Wiederholungen einzelner LV-Positionen unter verschieden Titel wahrscheinlich. Zwar stellt dieser Ansatz für den Bieter einen erhöhten Aufwand dar, da er scheinbar gleiche Leistungen mehrmals bepreisen und bei der Ausführung bzw. Abrechnung die Mengen pro Bauelement aufschlüsseln muss, aber für den Auftraggeber überwiegt der Vorteil: Er kann nach Abschluss der Baumaßnahme sehr leicht Kostenkennwerte aus den Titelnummern und den zugehörigen Mengen ermitteln (vgl. F.2.1).

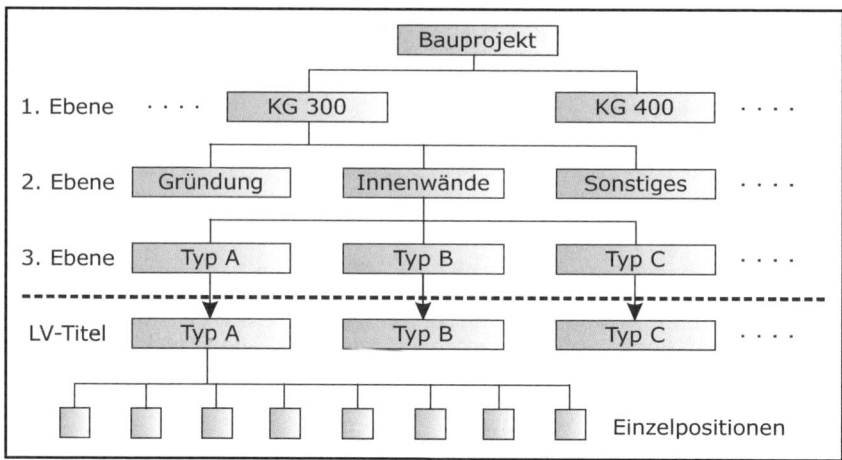

Abbildung 35: Schematische Darstellung einer möglichen Gliederung eines Leistungsverzeichnisses in Titel

4.5.1.2 Positionsarten

Mit Hilfe der verschiedenen Positionsarten kann sich der Ausschreibende Alternativen oder eventuell auszuführende Leistungen mit anbieten lassen und so die spätere Entscheidungen über die Ausführung offen lassen. Man unterscheidet folgende Positionsarten:

a) Grundposition,

b) Wahl- oder Alternativposition,

c) Bedarfs- oder Eventualposition,

d) Zuschlagsposition und

e) Pauschalposition.

Zu a) Grundposition

In Grundpositionen sind die jeweiligen Teilleistungen enthalten, die zur Erstellung des Bauvorhabens notwendig sind.

Zu b) Wahl- oder Alternativposition

Die Wahl- bzw. Alternativpositionen können die Grundpositionen ersetzen. Durch die Verwendung dieser Positionsart können Preise für eine alternative Ausführung eingeholt werden, um über den Preisspiegel zu ermitteln, welche Ausführungsvariante die wirtschaftlichste ist.

Alternative Ausführungen verursachen auf Seiten der Bieter einen höheren Aufwand für die Angebotsbearbeitung und finden in der Praxis dann Anwendung, wenn sich nicht genau bestimmen lässt, welche Ausführungsvariante am wirtschaftlichsten ist.

Spätestens mit der Auftragserteilung legt sich der Auftraggeber jedoch auf eine Ausführung fest. Möchte er die Ausführung nach Vertragsschluss ändern, so können die Preise des Leistungsverzeichnis als Verhandlungsbasis dienen.

zu c) Bedarfs- oder Eventualposition

Positionen, deren Ausführung zum Zeitpunkt der Ausschreibung noch offen ist, nennt man Bedarfs- oder Eventualpositionen. Sie dienen der frühzeitigen Vereinbarung von Einheitspreisen für eine eventuelle spätere Ausführung.

Eventualpositionen fließen nicht in die Angebotsbewertung ein und bergen die Gefahr, dass Auftragnehmer sie missbrauchen, um überhöhte Einheitspreise einzutragen, so dass sie bei einer möglichen späteren Ausführung über das Vertragspreisniveau[38] hinaus profitieren.

> **Hinweis**
>
> Bei privaten Auftraggebern kann es sinnvoll sein, einige wenige Eventualpositionen auszuschreiben, die keinesfalls ausgeführt werden. Über die Angebotspreise können Bieter, die sich nachher als „Nachtragsjäger" entpuppen würden, bereits im Angebotsstadium erkannt werden.

Zu d) Zuschlagsposition

Die Zuschlagsposition bezieht sich auf eine bestimmte Grundposition und enthält Leistungen, die zur Grundleistung hinzutreten ohne dass hierfür eine weitere Grundposition sinnvoll wäre.

> **Beispiel**
>
> Zur Grundposition Trockenbauwände existiert eine Zuschlagsposition für Wände mit einer Höhe, die ein Gerüst als besondere Leistung erfordern.

Zu e) Pauschalposition

Bei einer Pauschalposition entfällt die Mengenangabe. Es ist jedoch zu beachten, dass hierzu entsprechende Mengenermittlungsparameter in der Leistungsbeschreibung enthalten sein müssen.

---

38 Vgl. D.7.4.

4.5.2 Leistungsbeschreibung mit Leistungsprogramm

Bei der Leistungsbeschreibung mit Leistungsprogramm wird neben der Bauausführung auch die Planung dem Wettbewerb unterstellt; dies bildet nach Auffassung der VOB eine Ausnahme.

Das Leistungsprogramm muss eine Beschreibung der Bauaufgabe mit allen Informationen zu den maßgebenden Bedingungen und Umständen sowie dem Zweck und den Anforderungen an die Leistung umfassen. Die VOB geht dabei von einer strikten Trennung zwischen den funktionalen Vorgaben des Auftraggebers und der darauf folgenden Planung und Ausführung durch den Auftragnehmer aus.

In der Praxis treten auch abgeänderte Formen der funktionalen Leistungsbeschreibungen auf, zum Beispiel, wenn der Auftraggeber eigene Pläne liefert oder eine komplette Vorplanung oder Entwurfsplanung vorgibt. In wieweit diese Art von funktionalen Vorgaben dann in den Verantwortungsbereich des Auftragnehmers fallen, hängt von dem Umfang und der Genauigkeit der Festlegungen des Auftraggebers, also dem Stand seiner Planung ab.

Zu beachten ist, dass der Auftragnehmer in der späteren Ausgestaltung der Ausführung ausschließlich an die Zielvorgaben des Leistungsprogramms gebunden ist. Sofern er diese Ziele erreicht, handelt er vertragskonform.

Insbesondere bei Bauherren mit detaillierten Qualitätsvorstellungen ist es zwingend notwendig, auch die Qualitäten ausreichend detailliert vorzugeben. Inwieweit die Zielorientierung dann noch sinnvoll ist, hängt vom Einzelfall ab.

Liegen sämtliche Qualitäten fest, kann regelmäßig auch mit Leistungsverzeichnis ausgeschrieben werden.

4.6 Zusammenstellen der Ausschreibungsunterlagen

Zu den einzeln Bestandteilen der Ausschreibungsunterlagen gehören gemäß § 8 VOB/A (vgl. Abb. 36):

* die Leistungsbeschreibung,
* die Besonderen Vertragsbedingungen (BVB),
* die Zusätzlichen Vertragsbedingungen (ZVB),
* die Zusätzlichen Technischen Vertragsbedingungen (ZTV),
* die Allgemeinen technischen Vertragsbedingungen für die Ausführung von Bauleistungen (ATB) und
* die Allgemeinen Vertragsbedingungen für die Ausführung von Bauleistungen (AVB).

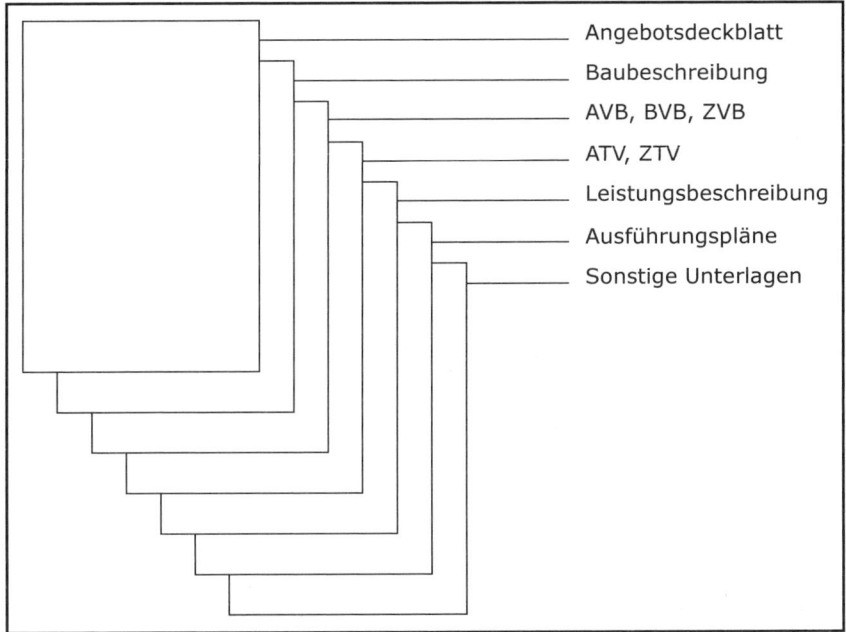

Angebotsdeckblatt

Baubeschreibung

AVB, BVB, ZVB

ATV, ZTV

Leistungsbeschreibung

Ausführungspläne

Sonstige Unterlagen

Abbildung 36: Bestandteile der Ausschreibungsunterlagen

Bei den Allgemeinen Vertragsbedingungen handelt es sich um die VOB/B, bei den Allgemeinen Technischen Vertragsbedingungen um die VOB/C.

Das Anschreiben muss alle Angaben nach § 12 Abs. 1 Nr. 2 VOB/A enthalten, sofern diese nicht bereits veröffentlicht wurden.[39]

5 Vergabe

5.1 Grundsätzliches

Der § 2 VOB/A enthält grundsätzliche Bestimmungen zur Vergabe von Bauleistungen. Diese betreffen die Eignung der Bewerber, die Angemessenheit der Preise sowie den Wettbewerb. Bauleistungen sind generell an fachkundige, leistungsfähige und zuverlässige Unternehmen, zu angemessenen Preisen, im freien Wettbewerb, zu vergeben.

---

39 Aus: § 8 Abs.2 Nr.1 VOB/A

Für den öffentlichen Auftraggeber ergeben sich hieraus zum einen Prüfpflichten in Bezug auf die Bewerbereignung und die Angebote, zum anderen Regeln hinsichtlich der Angebotswertung und Vergabeverhandlungen.

Der private, nicht an die Vorgaben der VOB/A gebundene Auftraggeber ist grundsätzlich hinsichtlich seiner Vergabeentscheidungen frei, jedoch ist auch für ihn die Berücksichtigung einiger Regelungen der VOB/A sinnvoll.

5.2 Prüfen der Angebote

In § 16 VOB/A wird die Prüfung des Angebotes geregelt. Die VOB/A unterscheidet die formelle und die inhaltliche Prüfung.

5.2.1 Formelle Prüfung

Bei der formellen Prüfung geht es um den Ausschluss der Angebote von der weiteren Prüfung. Die vorliegenden Angebote müssen die in § 16 VOB/A festgelegten Bestimmungen zur Vollständigkeit und Formeinhaltung erfüllen:

- Rechtzeitiger Eingang vor Ablauf der Angebotsfrist.
- Wahrung der Schriftform.
- Rechtsverbindliche Unterzeichnung des Angebotes.
- Keine unzulässigen Änderungen der Verdingungsunterlagen.

Angebote, die diesen und den in § 16 Abs. 1 VOB/A geregelten Kriterien nicht gerecht werden, dürfen auch nicht gewertet werden. Die Angebote, die die formellen Voraussetzungen erfüllen, werden anschließend der sachlichen Prüfung unterzogen.

5.2.2 Sachliche Prüfung

Angebote, die den Voraussetzungen der formellen Prüfung genügen, werden auf

a) rechnerische,

b) technische und

c) wirtschaftliche

Richtigkeit geprüft.

zu a) Rechnerische Richtigkeit

Zunächst erfolgt die Rechnerische Prüfung. Angebote, die rechnerische Fehler enthalten, sind nicht von der weiteren Vergabe auszuschließen. Maßgebend sind die Einheitspreise der einzelnen Positionen,[40] denn diese bilden die Vertragsbasis des Einheitspreisvertrags.

Eine falsch ausgefüllte Zusammenfassung oder rechnerische Fehler bei der Zusammenstellung können nicht zur Vertragsgrundlage werden. Das heißt, Rechenfehler können keiner der beiden Vertragsparteien zu Lasten fallen.

Durch das bewusste Einfügen von Additionsfehlern versuchen Bieter immer wieder, sich Vorteile durch einen niedrigeren Gesamtpreis gegenüber anderen Bietern zu verschaffen. Dabei kann der Bieter deswegen nicht ausgeschlossen werden. Im Fall einer bewussten Täuschung jedoch erfüllt er so die geforderte Zuverlässigkeit nicht und kann aus diesem Grund möglicherweise doch ausgeschlossen werden. Der Vorwurf der bewussten Täuschung muss sorgfältig abgewogen werden und belegbar nachgewiesen sein.

Bei widersprüchlichen Preisangaben gelten die in Abb. 37 aufgeführten Regelungen.

Fallbeispiel	Regelung
Der Einheitspreis multipliziert mit der Menge entspricht nicht dem angegebenen Gesamtpreis.	Der Gesamtpreis errechnet sich als Produkt aus Vordersatz und Einheitspreis.
Die Summe der Gesamtpreise ergibt nicht den Gesamtpreis eines Titels.	Es gilt die Summe der tatsächlichen Gesamtpreise auf Grundlage der Einheitspreise.

Abbildung 37: Geltungsreihenfolge der Preisangaben im Leistungsverzeichnis

Diese Grundsätze greifen nicht bei offensichtlichen Rechen- und Schreibfehlern, wenn z.B. die Kommastelle verrückt ist (zum Beispiel anstatt 1.000 EUR sind 100 EUR angegeben). Bei groben Unstimmigkeiten im Angebot ist es ratsam, mit dem Bieter in Kontakt zu treten und den tatsächlichen Inhalt zu klären. Achtung: Verhandlungsverbot.

zu b) Technische Richtigkeit

Die Angebote, die nach der rechnerischen Prüfung in die nähere Auswahl kommen, sind weiter auf technische Richtigkeit zu prüfen, d.h. ob die Angaben des Bieters den gewünschten und geforderten Kriterien genügen. Dies ist gerade bei produktneutralen Ausschreibungen zu beachten, da hier häufig ein Produkt nach Wahl des Bieters aufgeführt wird.

---

40 Vgl. § 16 Abs. 4 VOB/A.

Angebote, die nicht der technischen Spezifikation oder dem geforderten Schutzniveau in Bezug auf Sicherheit, Gesundheit, Gebrauchstauglichkeit und Stand der aktuellen Technik genügen, sind vom weiteren Verfahren auszuschließen.

Hinweis

Bei produktneutralen Ausschreibungen ist neben dem angebotenen Hersteller auch stets die exakte Produktbeschreibung zu verlangen.

---

zu c) Wirtschaftliche Richtigkeit

Die wirtschaftliche Prüfung erfolgt in der Praxis im Rahmen der Wertung der Angebote.

Dies beinhaltet das Vergleichen der Bieter untereinander und das Herauskristallisieren des günstigsten und wirtschaftlichsten Angebots, das zudem der Vergabeforderung entspricht.

Sinnvoll ist ebenfalls die Überprüfung von Aspekten wie Arbeitsdauer, Einsatz von Arbeitskräften, Geräten usw. in Bezug auf die wirtschaftliche Leistungsfähigkeit des Bieters und die Bezugsquellen für seine Baustoffe.

5.3 Wertung der Angebote

Mit dem Ziel einen korrekten Wettbewerb mit Chancengleichheit für alle Bieter zu erreichen, gibt § 16 VOB/A folgende Wertungsstufen vor, die nachstehend näher erläutert werden:

a) Angebotsausschluss,

b) Prüfung der Bietereignung,

c) Prüfung der Angebotspreise und

d) Auswahl des wirtschaftlichsten Angebots.

Bei der Reihenfolge der Wertungsstufen ist zu beachten, dass in der Praxis die Prüfung der Bietereignung in der Regel erst nach der Prüfung der Angebotspreise erfolgt, um eine unnötig Überprüfung aller Bieter zu vermeiden.

Der private Auftraggeber, der nicht an die Vorgaben der VOB/A gebunden ist, hat dagegen die Möglichkeit, frei zu entscheiden, nach welchen Kriterien er sich bei der Prüfung und Wertung der Angebote richtet. Jedoch empfiehlt sich die Orientierung an den Wertungskriterien der VOB/A auch für den nicht öffentlichen Auftraggeber z.B. hinsichtlich der Bietereignung und der Wirtschaftlichkeit der Angebote. Sie bilden die Grundlage für eine störungsfreie Bauausführung.

zu a) Angebotsausschluss

Der Angebotsausschluss kann aufgrund inhaltlicher oder formeller Mängel erfolgen. Ausgeschlossene Angebote gelangen nicht in die weiteren Wertungsstufen.

zu b) Bietereignung

Wurde das Angebot nach der inhaltlichen und formellen Prüfung zugelassen, folgt mit der Prüfung der Bietereignung gemäß § 16 Abs. 2 VOB/A die zweite Wertungsstufe im öffentlichen Verfahren. Bei der beschränkten Ausschreibung sowie bei der freihändigen Vergabe wird diese Prüfung schon vor der Aufforderung zu Angebotsabgabe durchgeführt. Bei der Prüfung der Bietereignung geht es, wie beschrieben, um die Überprüfung der Unternehmen nach § 6 Abs. 3 VOB/A hinsichtlich der

- erforderlichen Fachkunde,
- Leistungsfähigkeit und
- Zuverlässigkeit.

Die geforderte Fachkunde bezieht sich auf die objektbezogenen Sachkenntnisse des Bieters und die zu prüfende Leistungsfähigkeit auf dessen technische, kaufmännische, personelle und finanzielle Ausstattung. Beide müssen so beschaffen sein, dass die beauftragte Bauleistung innerhalb der vereinbarten Frist erbracht werden kann.

Beispiel

Ein Unternehmen, das selbst nur über fünf Mitarbeiter verfügt, bietet die Trockenbauarbeiten einer Schulsanierung in den Sommerferien an.

Die im Angebot enthaltene Lohnsumme beträgt 150.000,- EUR. Bei einer Ausführungsdauer von zwei Wochen ist davon auszugehen, dass das Unternehmen nicht über die notwendige Leistungsfähigkeit verfügt.

Die zu prüfende Zuverlässigkeit der Bewerber umfasst sowohl persönliche als auch betriebliche Gesichtspunkte. Der Nachweis erfolgt zumeist über Unbedenklichkeitsbescheinigungen z.B. des Finanzamtes, der Krankenkasse oder der Berufsgenossenschaft sowie durch Bestätigungen der Eintragung in das Register der Industrie und Handelskammer des jeweiligen Wohnsitzes.

Sollten diese Nachweise nicht erbracht werden, führt das bei der öffentlichen Vergabe zum Ausschluss aus dem Wettbewerb.

Zum Eignungsnachweis der Bieter dürfen nach § 6 Abs. 3 VOB/A folgende Angaben verlangt werden:

a) den Umsatz des Unternehmens in den letzten drei abgeschlossenen Geschäftsjahren, soweit er Bauleistungen und andere Leistungen betrifft, die mit der zu vergebenden Leistung vergleichbar sind, unter Einschluss des Anteils bei gemeinsam mit anderen Unternehmen ausgeführten Aufträgen,

b) die Ausführung von Leistungen in den letzten drei abgeschlossenen Geschäftsjahren, die mit der zu vergebenden Leistung vergleichbar sind,

c) die Zahl der in den letzten drei abgeschlossenen Geschäftsjahren jahresdurchschnittlich beschäftigten Arbeitskräfte, gegliedert nach Berufsgruppen mit gesondert ausgewiesenem technischen Leitungspersonal,

d) die Eintragung in das Berufsregister ihres Sitzes oder Wohnsitzes, sowie Angaben,

e) ob ein Insolvenzverfahren oder ein vergleichbares gesetzlich geregeltes Verfahren eröffnet oder die Eröffnung beantragt worden ist oder der Antrag mangels Masse abgelehnt wurde oder ein Insolvenzplan rechtskräftig bestätigt wurde,

f) ob sich das Unternehmen in Liquidation befindet,

g) dass nachweislich keine schwere Verfehlung begangen wurde, die die Zuverlässigkeit als Bewerber in Frage stellt,

h) dass die Verpflichtung zur Zahlung von Steuern und Abgaben sowie der Beiträge zur gesetzlichen Sozialversicherung ordnungsgemäß erfüllt wurde,

i) dass sich das Unternehmen bei der Berufsgenossenschaft angemeldet hat.

zu c) Prüfung der Angebotspreise

Zunächst geht es um die Prüfung der Preisangemessenheit der Angebote, mit dem Ziel, den Auftraggeber vor einer nicht ordnungsgemäßen Zuendeführung der Bauleistung aufgrund von wirtschaftlichen Schwierigkeiten des Auftragnehmers zu schützen. Dabei ist der Gesamtpreis entscheidend. So darf auf ein Angebot mit unangemessen hohen oder niedrigen Preis der Zuschlag nicht erteilt werden. In dem Fall, dass ein Angebotspreis unangemessen niedrig erscheint und eine Beurteilung der Angemessenheit aufgrund der vorliegenden Unterlagen nicht möglich ist, wird vom Bieter eine schriftliche Aufklärung über die Ermittlung der Preise verlangt.

Beim Detail-Pauschalvertrag sowie beim einfachen Global-Pauschalvertrag ist bei der Angebotsprüfung nur die Pauschalsumme zu prüfen. Gegebenenfalls angebotene Einheitspreise sind bedeutungslos.

Die Bewertung der Angebotspreise hinsichtlich ihrer Angemessenheit erfolgt beim komplexen Global-Pauschalvertrag je nach Planungsstand durch einen Vergleich mit der eigenen Kostenermittlung sowie durch den Vergleich der einzelnen Angebote untereinander.

Sodann sind die Angebote gemäß § 10 Abs. 3 VOB/A hinsichtlich einer zu erwartenden einwandfreien Ausführung, einschließlich Gewährleistung unter Berücksichtigung des rationellen Baubetriebs sowie sparsamer Wirtschaftsführung, zu prüfen.

Preisspiegel

OZ	Text	Menge	E		Angebot 1		Angebot 2		Angebot 3
T1	**Innenwand- putzsystem**				**132.554,00**		**128.449,00**		**125.456,00**
1.01	Reinigen des Untergrundes	3.448	m²	EP GP	0,05 172,40	EP GP	0,03 103,44	EP GP	0,04 137,92
1.02	Innenwandputz	3.448	m²	EP GP	17,50 60.340,00	EP GP	16,50 56.892,00	EP GP	16,00 55.168,00
1.03	Putzabschluss- profil	476	m	EP GP	3,00 1.428,00	EP GP	4,00 1.904,00	EP GP	3,20 1.523,20

Abbildung 38: Beispiel eines nach Bauelementen gegliederten Preisspiegels

Zur Auswahl des wirtschaftlichsten Angebots werden alle Angebote in einem **Preisspiegel** gegenüber gestellt (vgl. Abb. 38). So wird jede Position sowie jeder Titel und jedes Gesamtergebnis von Bieter zu Bieter vergleichbar.

Bei der Erstellung des Preisspiegels werden zunächst die Angebote der Bieter gegenübergestellt. Sinnvoll ist der Rückgriff auf die Gliederung des Leistungsverzeichnisses, d.h.

• die Unterteilung in Titel, die jeweils dem Leistungsumfang eines Bauelements entsprechen und

• die Auflistung der zugehörigen Positionen.

Die textliche Beschreibung der einzelnen Positionen erfolgt dabei nicht im vollem Umfang des Leistungsverzeichnisses, sondern mit den aussagefähigen Kurztexten.

Auf diese Weise ist es möglich, zu erkennen, ob einzelne angebotene Einheitspreise erheblich voneinander abweichen. Des Weiteren kann anhand des Preisspiegels überprüft werden, ob das Angebot eventuell Rechenfehler enthält.

Der Preisspiegel gibt zusätzlich einen Überblick über die voraussichtlichen tatsächlichen Kosten und lässt sich vor der Vergabe dem Budget gegenüber stellen.

Anhand des Preisspiegels treten – bei ähnlichen Gesamtpreisniveaus – oft große Schwankungen bei der Bepreisung einzelner Positionen auf. Dies ist in der unterschiedlichen Verteilung der Deckungsbeiträge jedes einzelnen Unternehmens begründet. Ein direkter Vergleich der Preise für einzelne Teilleistungen ohne Beachtung des kalkulatorischen Zusammenhänge ist deshalb weder sinnvoll noch stellt er eine professionelle Verhandlungsbasis dar. Die Grundlage für Verhandlungsgespräche von privaten Auftraggebern sollte daher der gesamte Angebotspreis sein.

Zu d) Auswahl des wirtschaftlichsten Angebots

Bei der Auswahl des wirtschaftlichsten Angebots ist nicht allein der niedrigste Angebotspreis entscheidend. Das wirtschaftlichste Angebot ergibt sich unter Berücksichtigung aller Kriterien wie

- Preis,
- Ausführungsfrist,
- Betriebs- und Folgekosten,
- Gestaltung,
- Rentabilität und
- technischer Wert.

Dabei ist zu beachten, dass nur jene Zuschlagskriterien zur Wertung herangezogen werden dürfen, die auch in den Verdingungsunterlagen angegeben worden sind.

5.4 Vergabegespräche

Für den Auftraggeber ist es empfehlenswert, das erste Vergabegespräch, also auch evtl. Preisverhandlungen (nicht bei öffentlichen Auftraggebern!) nicht mit dem Bieter zu führen, der das wirtschaftlichste Angebot abgegeben hat, sondern zuerst aus den Gesprächen mit unterlegenen Bietern wichtige Informationen zu ziehen, die in den weiteren Verhandlungen genutzt werden können.

Beispiel

Dem Bieter wird die Pauschalierung des Angebotes im Hinblick auf einen Global-Pauschalvertrag angeboten. Nach längerem Zögern des Bieters findet der Verhandlungsführer den Grund heraus: In der Ausschreibung fehlen einige Leistungen.

Er ist nun sehr gut auf die weiteren Gespräche vorbereitet.

Sinnvoll ist auch die Einladung der zuständigen Planer zu den Vergabegesprächen, denn häufig besteht Aufklärungsbedarf über die örtliche Situation, die Baustelleneinrichtung und die Vorhaltung von Geräten und Material oder zur Ausführung selbst.

Auftragnehmer
Musterstraße 12

45654 Musterstadt

25.11.2010

Neubau Altenheim, Residenzstr. 23, 45654 Musterstadt
hier: Einladung Vergabegespräch

Sehr geehrte Damen und Herren,

hiermit lade ich Sie in vorbezeichneter Angelegenheit zum
Vergabegespräch am 15.12.2010, 11:00 Uhr
in unsere Räume ein.

Bitte teilen Sie mir bis spätestens 10.12.2010 mit, ob Sie den
Termin wahrnehmen können.

Mit freundlichen Grüßen

Karl Bauleiter

Musterbrief 2: Einladung zum Vergabegespräch

Bei der Vorbereitung des Vergabegesprächs sollte der Auftraggeber auch die
Anschreiben der Bieter auf Hinweise gegen die vorgesehene Ausführungsart
überprüfen, um ggf. weitere Informationen einzuholen und Bedenken im
Vergabegespräch ansprechen und klären zu können.

5.4.1 Privater Auftraggeber

Bei nicht formellen Ausschreibungen der beschränkten oder freihändigen
Vergabe privater Bauherren ist eine Nachverhandlung durchaus üblich und
sinnvoll. Aus den erstellten Preisspiegeln lässt sich über die einzelnen Positionen der teuerste und der günstigste Bieter ermitteln. Der Preisspiegel bietet somit eine gute Verhandlungsgrundlage.

Zu den Hauptzielen der Auftraggeberseite bei Vergabegesprächen zählen die Reduzierung des Angebotspreises, die Erweiterung des Leistungsumfangs des Auftragnehmers oder die Durchsetzung der eigenen Vertragsbedingungen. Dabei gelten für den privaten Auftraggeber bei der Führung von Vertragsverhandlungen keine Beschränkungen.

Änderungen am Angebotsinhalt, an den der Auftragnehmer durch seine schriftliche Angebotsabgabe gebunden ist, sind nur mit dessen Zustimmung möglich. Sie können durch ein schriftliches Ergänzungsangebot des Bieters oder durch dessen Erklärung während des Vergabegesprächs erfolgen und sind entsprechend zu dokumentieren.

Neben Preisverhandlungen können schon zu diesem Zeitpunkt absehbare Nachträge thematisiert werden.

5.4.2 Öffentlicher Auftraggeber

Durch § 15 VOB/A sind dem öffentlichen Auftraggeber hinsichtlich Verhandlungen im Rahmen der Vergabe von Bauleistungen enge Grenzen gesetzt. Grundsätzlich gilt ein Verhandlungsverbot über Änderungen der Angebote sowie des Preises.

Eine Ausnahme bilden dabei Verhandlungen aufgrund von unumgänglichen technischen Änderungen geringen Umfangs und sich daraus ergebenden Preisänderungen bei Nebenangeboten, Änderungsvorschlägen oder Angeboten mit Leistungsprogramm.

Außerdem sind dem öffentlichen Auftraggeber Aufklärungsverhandlungen erlaubt, um sich über die technische Leistungsfähigkeit des Bieters, Zweifelsfragen hinsichtlich des Angebots, etwaige Änderungsvorschläge und Nebenangebote, die geplante Art der Durchführung, Ursprungsorte oder Bezugsquellen von Stoffen oder Bauteilen sowie die Angemessenheit der Preise zu informieren. Dabei sind die Verhandlungsergebnisse schriftlich niederzulegen und geheimzuhalten.[41]

Weiterhin sind dem öffentlichen Auftraggeber Verhandlungen, welche die Ausführungsfristen zum Thema haben, erlaubt. Es ist möglich, eine Veränderung der Ausführungsfristen zu vereinbaren, wenn diese nicht zu einer Preisveränderung gegenüber der Angebotsgrundlage führen.

---

41 Vgl. § 15 Abs. 1 Nr. 2 VOB/A.

> **Beispiel**
>
> In einer Angebotssumme von 50.000,- EUR sind Lohnkosten von 35.000,- EUR enthalten. Der Bieter hat nach eigenen Angaben mit einem Stundensatz von 35,- EUR kalkuliert.
>
> Es werden also etwa 1.000 Ph anfallen. Bei einer Bauzeit von 10 Arbeitstagen á 8 Ph/Tag werden also zwischen 12 und 13 AK benötigt.
>
> Hat der Bieter so viele Mitarbeiter?

Dem öffentlichen Auftraggeber ist es jedoch untersagt, individuelle Komplettheitsvereinbarungen mit Bietern zu verabreden, da das zu Wettbewerbsverfälschung führen könnte.

5.4.3 Verhandlungsprotokoll

Um Unklarheiten und Streitigkeiten hinsichtlich Angebotsmodifikationen zu vermeiden, bietet sich eine schriftliche Dokumentation des Gesprächsinhalts des Vergabegesprächs an. Ein sogenanntes Verhandlungsprotokoll ist weder bei privaten noch bei der öffentlichen Auftragsvergabe vorgeschrieben, jedoch aufgrund der späteren Beweiskraft sinnvoll und sollte direkt vor Ort im Anschluss an das Vergabegespräch besprochen, von den Teilnehmern unterschrieben und in Kopie ausgehändigt werden.

5.5 Vertragsabschluss

Beim **öffentlichen Auftraggeber** erfolgt die Auftragserteilung durch den Zuschlag. Im deutschen Vergaberecht herrscht im Gegensatz zu anderen europäischen Ländern das Prinzip des Zusammenfallens von Zuschlagserteilung und Vertragsschluss. Somit kommt der Zuschlag auf ein Angebot der zivilrechtlichen Annahme des Vertragsangebotes des Bieters gleich. Der Bauvertrag kommt durch den Zugang der Mitteilung über die erfolgte Zuschlagsentscheidung zustande. Dabei erfolgt die Festlegung des Vertragsinhalts durch das bieterseitige Angebot und das anschließende Zuschlagsschreiben, das ggf. noch Vereinbarungen aus den Vergabeverhandlungen beinhaltet.

Bei **privaten Auftraggebern** gibt es keine Vorgaben hinsichtlich eines Vertragsabschlusses. Bei Detail-Pauschalverträgen sowie bei Einheitspreisverträgen ist eine einseitige Auftragserteilung nach vorherigem Angebot des Bieters üblich, bei komplexen Global-Pauschalverträgen dagegen der Vertragsabschluss mit einer gesonderten Vertragsurkunde.

Bei Vertragsabschlüssen durch Zuschlag sowie durch einseitige Auftragserteilung ist zu beachten, dass die Auftragserteilung nur gültig erfolgen kann, wenn sie **innerhalb der Bindefrist** erfolgt und keine Änderungen und Erweiterungen gegenüber dem Angebot enthält. Außerdem sollte der Zugang beim Bieter in nachweisbarer Form dokumentiert werden, z.B. durch Empfangsquittung oder Einschreiben mit Rückschein, weil der Empfang die Voraussetzung für das Zustandekommen des Vertrages ist.

6 Abrechnung

6.1 Grundlagen

6.1.1 Risiken nicht ordnungsgemäß geprüfter Rechnungen

Bei vom Bauleiter nicht ordnungsgemäß geprüften Rechnungen besteht die Gefahr, dass die Auszahlungsbeträge nicht dem tatsächlichen Vergütungsanspruch des Auftragnehmers entsprechen. Dabei sind

a) zufällig korrekt vergütete Auszahlungsbeträge,

b) zu gering vergütete aber auch

c) überhöhte Auszahlungsbeträge

denkbar.

Hinweis

Die Rechnungsprüfung sollte auch unter Zeitdruck stets sorgfältig durchgeführt werden, um Streitigkeiten zu vermeiden.

Gerade bei „kleinen" Unternehmen, die über eine geringe Kapitaldecke verfügen, führen unberechtigten Kürzungen der Rechnungen bereits zu Liquiditätsengpässen.

Zu (a) zufällig korrekt vergütete Auszahlungsbeträge

Bei einer freigegebenen Rechnung mit einer korrekten Rechnungssumme hat der Bauleiter nicht mit Problemen zu rechnen – aber das ist Zufall.

Zu (b) zu gering vergütete Auszahlungsbeträge

Erfolgten im Zuge der Rechnungsprüfung unberechtigte Kürzungen, wurden Nachträge gestrichen und unberechtigte Abzüge wegen Mängeln vorgenommen, so kann der Auftragnehmer die Rechnungskürzung zurückweisen.

Während der Baudurchführung kann dies sogar bis zur einstweiligen Einstellung der Arbeiten führen, falls der Auftraggeber auch auf Nachtfristsetzung durch den Auftragnehmer nach § 16 Abs. 5 Nr. 5 VOB/B nicht zahlt.

Nach § 16 Abs. 3 f. VOB/B ist der Auftragnehmer berechtigt, Verzugszinsen in Höhe von 8 v.H. über dem Basiszins der EZB zu verlangen bzw. einen etwaigen höheren Verzugsschaden nachzuweisen.

Zu (c) überhöhte Auszahlungsbeträge

Werden überhöhte Rechnungen ohne ordnungsgemäße Prüfung freigegeben, so besteht das Risiko, dass das Geld nicht zurückgefordert werden kann, beispielsweise bei der Insolvenz eines Auftragnehmers.

Um hier nicht in Erklärungsnöte zu geraten, ist eine sorgfältige Rechnungs-prüfung und Dokumentation der Ergebnisse für die erfolgreiche Bauleitung unerlässlich.

6.1.2 Voraussetzung für einen Vergütungsanspruch

Voraussetzung des Vergütungsanspruchs des Auftragnehmers ist eine prüf-bare Rechnung über die erbrachte Leistung gegenüber dem Auftraggeber.

Es kann jeweils nur die Leistung berechnet werden, die zum **Zeitpunkt der Rechnungsstellung** tatsächlich erbracht wurde; nicht die, die zum mögli-chen Zeitpunkt der Zahlung erbracht sein wird.

Dabei werden unter dem Begriff **Rechnung** alle schriftlichen Aufstellungen über Vergütungsansprüche des Auftragnehmers wie Abschlagsrechnungen, Teilschlussrechnungen und Schlussrechnungen verstanden.

6.1.3 Anforderungen an eine Rechnung

Aus § 14 Abs. 1 VOB/B gehen Anforderungen an eine prüfbare Rechnung hervor. Hiernach hat der Auftragnehmer

a) die Rechnung übersichtlich aufzustellen,

b) die Reihenfolge der Ordnungszahlen des Leistungsverzeichnisses einzu-halten,

c) die in den Vertragsbestandteilen enthaltenen Bezeichnungen zu verwen-den,

d) die zum Nachweis von Art und Umfang der Leistung erforderlichen

  - Mengenberechnungen,
  - Zeichnungen und
  - anderen Belege hinzuzufügen;

e) Änderungen und Ergänzungen des Vertrages in der Rechnung beson-ders kenntlich zu machen bzw. auf Verlangen getrennt abzurechnen.

Um sich vor Übervorteilung zu schützen, muss eine prüfbare Rechnung den Kenntnissen und Fähigkeiten des Rechnungsempfängers – ein Bauingenieur anders als eine Hausfrau – entsprechen; die Rechnung muss für den ent-sprechenden Empfänger leicht nachvollziehbar sein.

Zu a) übersichtliche Aufstellung der Rechnung

Die in Rechnung gestellten Leistungselemente sind genau bezeichnet, Über-schneidungen, Unklarheiten, Unvollständigkeiten etc. sind zu vermeiden.

Zu b) Einhaltung der Reihenfolge der Ordnungszahlen aus dem Leistungsverzeichnis

Die Einhaltung der Reihenfolge der Ordnungszahlen des Leistungsverzeichnisses hat den Sinn, die Rechnungsprüfung ohne unverhältnismäßig großen Aufwand seitens des Auftraggebers durchführen zu können.

Mit der Einhaltung der Reihenfolge ist ein einwandfreier Vergleich zwischen den vertraglichen Vereinbarungen und dem Rechnungsinhalt möglich. So kann auf einfache Weise durchblickt werden,

- welche Ordnungszahl des Leistungsverzeichnisses abgerechnet,
- ob eine Leistung mehrfach oder
- nicht oder noch nicht abgerechnet wurde.

Zu c) Verwendung der Bezeichnung aus den Vertragsbestandteilen

In der Regel werden die Kurztexte des Leistungsverzeichnisses durch den Auftraggeber so gewählt, dass sie die Teilleistungen unterscheidbar machen.

Falls vom Auftragnehmer andere Kurztexte verwendet werden, ist die Unterscheidbarkeit möglicherweise nicht mehr gegeben. Das führt dazu, dass eine Rechnungsprüfung nur zusammen mit der Beschreibung aus dem Leistungsverzeichnis erfolgen könnte. Da der Aufwand durch die Zuhilfenahme des Leistungsverzeichnisses wesentlich größer ist, ist die Rechnung bei abweichenden Kurztexten nicht mit üblichem Aufwand prüffähig.

Der Auftraggeber ist selbstverständlich berechtigt, auch unzureichend aufgestellte Rechnungen – mit höherem Aufwand – zu prüfen und zu bezahlen. Allerdings kann er die mit dem erhöhten Prüfaufwand verbundenen Mehrkosten nicht an den Auftragnehmer weitergeben; er hätte eine prüffähige Rechnung verlangen können.

Zu d) erforderliche Unterlagen zum Nachweis von Art und Umfang der Leistung

Zu einer prüfbaren Rechnung gehört es, dass Mengenberechnungen, Zeichnungen (Ausführungs- und Abrechnungszeichnungen) und andere Belege beigefügt werden.

Sie sind zur Erklärung und zum Nachweis einzelner Rechnungspositionen oder des gesamten Leistungsinhaltes notwendig. Unter „andere Belege" versteht man alles, was für eine Erläuterung oder einen Nachweis der einzelnen Rechnungsansätze von Bedeutung ist, z.B. Besprechungsprotokolle oder schriftliche Anordnungen.

Zu e) Änderungen oder Ergänzungen des ursprünglichen Vertrags

Änderungen und Ergänzungen des ursprünglichen Vertrages sind in der Rechnung besonders kenntlich zu machen und auf Verlangen getrennt abzurechnen.

Dies ist erforderlich, weil die zusätzlichen oder veränderten Leistungen, bezogen auf den Vertragsschluss, nicht in der Leistungsbeschreibung oder in sonstigen Unterlagen des Hauptvertrages berücksichtigt waren. Für die Abrechnung sind die hieraus resultierenden Vergütungsansprüche geeignet deutlich zu machen.

6.1.4 Frist zur Vorlage der Schlussrechnung

Die Schlussrechnung muss bei Leistungen mit einer Ausführungsdauer von höchstens drei Monaten, spätestens 12 Werktage nach Fertigstellung eingereicht werden, wenn im Vertrag nichts anderes vereinbart ist. Die Frist verlängert sich für je weitere drei Monate Ausführungsfrist um je 6 Werktage.

Eine Woche hat im Sinne des § 11 Abs. 3 VOB/B sechs Werktage; der Samstag ist als Werktag zu rechnen.

Reicht der Auftragnehmer keine prüfbare Rechnung ein, obwohl ihm der Auftraggeber **eine angemessene Nachfrist** gesetzt hat, so kann der Auftraggeber nach § 14 Abs. 4 VOB/B selbst eine Schlussrechnung auf Kosten des Auftragnehmers erstellen.

> **Beispiel**
> Bei einer vereinbarten Ausführungsfrist von 8 Monaten muss der Auftragnehmer die Schlussrechnung binnen 24 Werktagen nach der Fertigstellung einreichen.

Auch wenn diese Ausführungen ungewöhnlich erscheinen, taucht dieser Fall in der Praxis regelmäßig auf. Nach Abschluss der Bauarbeiten ist es oftmals Aufgabe des auftraggeberseitigen Bauleiters, das Projektes abzuschließen.[42] Der Fall der offensichtlich sehr liquiden Auftragnehmer ist daher im Interesse des Auftraggebers in der VOB/B geregelt.

6.1.5 Fälligkeit der Rechnung

Die Schlussrechnung ist nach § 16 Abs. 3 VOB/B sofort nach Prüfung der Schlussrechnung, spätestens aber innerhalb von zwei Monaten fällig.

---

42 Beispielsweise, um einen vollständigen Verwendungsnachweis der Mittel führen zu können.

Überschreitet der Auftraggeber bei seiner Prüfung den Zeitraum von zwei Monaten, so tritt unabhängig von der tatsächlichen Prüfung die Fälligkeit (der berechtigten Ansprüche) ein. Ab diesem Zeitpunkt hat der Auftragnehmer Anspruch auf Zinsen in Höhe der in § 288 Abs. 2 BGB angegebenen Zinssätze, wenn er nicht einen höheren Verzugsschaden nachweist.

> **Hinweis**
>
> Entgegen der landläufigen Meinung kommt es für die Rechtzeitigkeit einer Zahlung nicht auf den Zeitpunkt des Eingangs des Geldes auf dem Konto des Empfängers an.
>
> Auch eine Zahlung am Tag der Fälligkeit ist fristgerecht. Entscheidend ist die fristgerechte Zahlung – auch wenn eine Überweisung einige Tage Zeit benötigt.

6.2 Rechnungsprüfung

6.2.1 Der Prüfprozess

Die auftraggeberseitige Rechnungsprüfung erfolgt in mehreren Schritten, die im Folgenden ausführlich besprochen werden.

6.2.2 Grundlegende Prüfung

Bei der grundlegenden Prüfung wird die Rechnung auf den **vollständigen** Name und die **vollständige** Anschrift des Rechnungsstellers,

- die **Steuernummer oder Umsatzsteuer-Identifikationsnummer** des leistenden Unternehmers,
- den **vollständigen** Name und die **vollständige** Anschrift des Leistungsempfängers,
- das **Rechnungsdatum,**
- eine **fortlaufende Rechnungsnummer,**
- die Bezeichnung von **Art und den Umfang** der erbrachten Leistung,
- die **Vergütung** der Leistung und
- die Höhe des auf das Entgelt anzuwendenden **Umsatzsteuersatzes,** oder auf einen Hinweis auf Steuerbefreiung

geprüft (vgl. Abb. 39).

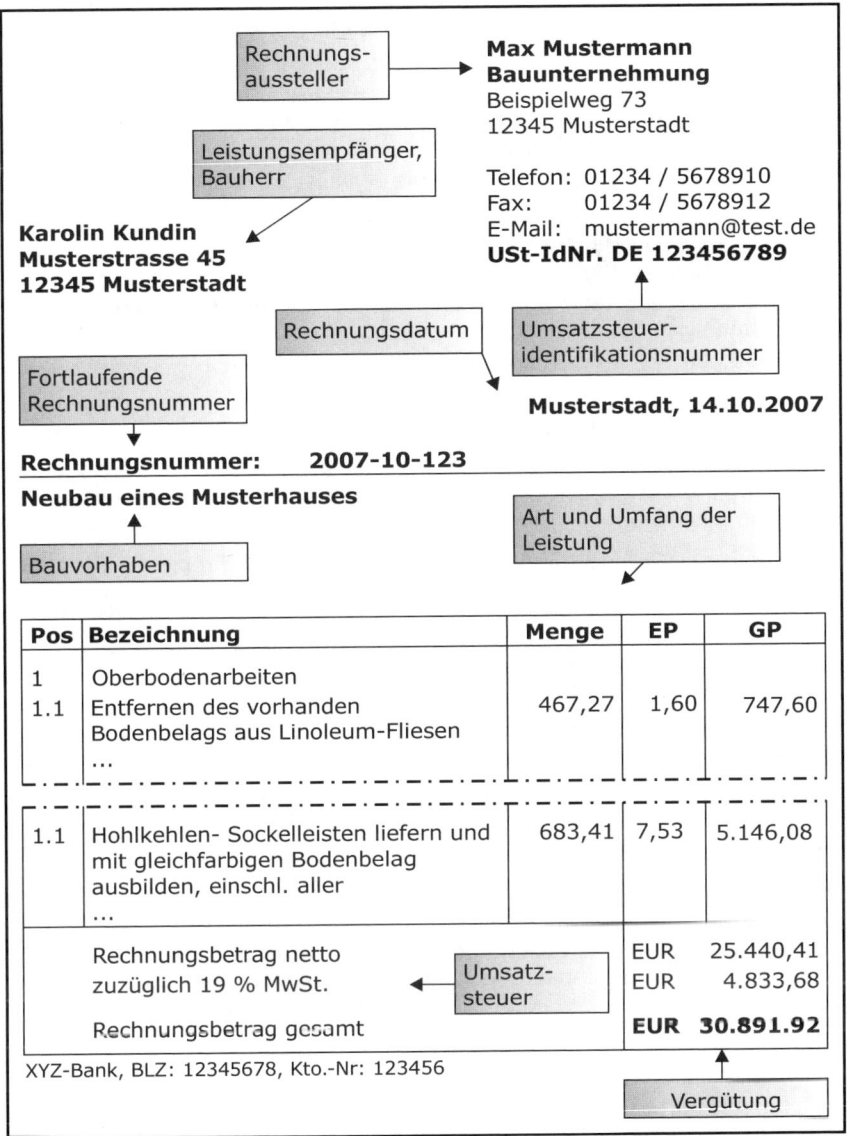

Abbildung 39: Beispiel einer Rechnung mit allen notwendigen Angaben

Darüber hinaus ist zu prüfen, ob die ausführlich erläuterten Anforderungen an die Rechnung eingehalten sind.

Ist die Rechnung nicht prüffähig bzw. unvollständig, ist diese unter Angabe der Mängel unverzüglich zurück zu weisen und zur eigenen Entlastung an den Auftragnehmer zurückzuschicken.

Ist die Rechnung vollständig und ohne Mangel, so folgt in den nächsten Schritten

- die Prüfung der Netto-Abrechnungssumme der vom Bau-Soll umfassten Leistungen,
- die Prüfung der Netto-Abrechnungssumme der vom Bau-Soll nicht umfassten Leistung und die
- Ermittlung und Anweisung des Auszahlungsbetrag.

6.2.3 Zurückweisung einer Rechnung

Schon aus Gründen des Anstands wird eine Rechnung, die – aus welchen Gründen auch immer – nicht prüffähig ist, unverzüglich an den Rechnungssteller zurückgegeben.

Dabei sind die Gründe für die Zurückweisung der Rechnung zu benennen (vgl. Abb. 40).

6.2.4 Aufsummierende und nicht aufsummierende Rechnung

In der Praxis werden

a) die **nicht aufsummierende Rechnung**, bei der jeweils nur die seit der letzten Rechnung erbrachten Leistungen abgerechnet werden, und

b) die **aufsummierende Abrechnung**, bei der jeder weiteren Abschlagsrechnung die bereits abgerechneten Leistungen zugeschlagen werden,

unterschieden.

Zu a) nicht aufsummierende Rechnung

Bei der nicht aufsummierenden Rechnung werden jeweils nur die Leistungen berechnet, die seit der letzten Rechnungsstellung ausgeführt wurden.

An den Auftragnehmer

Bauvorhaben _____
Ihre Schlussrechnung vom _____

Sehr geehrte Damen und Herren,

eine erste Prüfung hat aufgezeigt, dass:

☐ ihre vollständige Firma und Anschrift,

☐ ihre Steuernummer bzw. Umsatzsteuer-Identifikationsnummer,

☐ der vollständige Name und Anschrift des Leistungsempfängers,

☐ das Rechnungsdatum,

☐ eine fortlaufende Rechnungsnummer,

☐ die Bezeichnung von Art und der Umfang der erbrachten Leistung,

☐ die Ermittlung der Vergütung der Leistung

☐ der anzuwendende Umsatzsteuersatz bzw. Hinweis auf Steuerbefreiung

☐ _____

fehlen bzw. nicht vollständig sind.

Eine weitergehende Prüfung hat gezeigt, dass:

☐ die Reihenfolge der Positionen nicht eingehalten ist,

☐ Art und der Umfang der erbrachten Leistung nicht beschrieben sind,

☐ die in den Vertragsbestandteilen enthaltenen Bezeichnungen nicht verwendet sind,

☐ die Mengenberechnung nicht vollständig oder nicht nachvollziehbar ist,

☐ die Mengen nicht aus den Zeichnungen entnommen sind; die Mengenermittlung ist daher an Hand der Ausführungspläne nicht nachvollziehbar.

Ihre Rechnung ist mithin nicht prüffähig.

Sie erhalten die Rechnung zu unserer Entlastung urschriftlich zurück.

Mit freundlichen Grüßen

Unterschrift

Abbildung 40: Musterschreiben zur Zurückweisung einer Rechnung

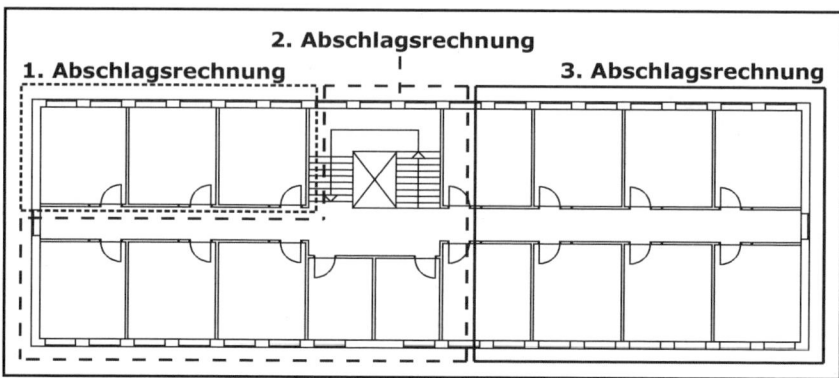

Abbildung 41: Nicht aufsummierende Rechnung

Diese Rechnungsstellung (vgl. Abb. 41) bietet sich vor allem dann an, wenn die Abrechnung einer Vergabeeinheit wenig komplex und gut nachvollziehbar ist oder nur wenige Abschlagsrechnungen gestellt werden.

Anwendungsfälle in der Praxis sind bei

- in sich abgeschlossenen Arbeiten,
- geometrisch klar getrennten Arbeiten oder
- zeitlich vom Bauablauf getrennten Arbeiten

denkbar.

Sind die Abschlagsrechnungen jedoch nicht klar voneinander abgrenzbar, so hat der Auftraggeber einen unangemessen hohen Prüfaufwand, weil mit jeder Rechnung geprüft werden muss, ob die berechnete Leistung nicht schon in den bisherigen Rechnungen enthalten ist.

Zu b) aufsummierende Rechnung

Bei der aufsummierenden Rechnung werden auch die bereits abgerechneten Leistungen – unter Abzug bereits erfolgter Zahlungen – mitgeführt (vgl. Abb. 42).

Dies hat den Vorteil, dass der Bauleiter die abgerechneten Leistungen besser kontrollieren kann weil

- eine doppelte Berechnung bereits bezahlter Leistungen ausgeschlossen ist (und auch nicht überprüft werden muss) und
- der Auftragnehmer die Ergebnisse der Rechnungprüfung der vorhergehenden Rechnungen bereits mit aufnehmen kann.

118

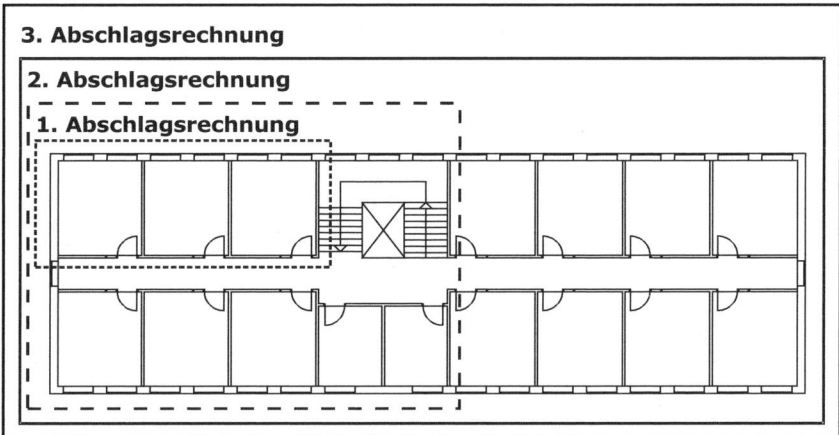

3. Abschlagsrechnung

2. Abschlagsrechnung

1. Abschlagsrechnung

Abbildung 42: Aufsummierende Rechnung

Der letztgenannte Punkt ist als gemeinsamer Prüfprozess zusammen mit dem Auftragnehmer zu verstehen. Nach der Rechnungsprüfung erhält der Auftragnehmer eine **Kopie der geprüften Rechnung inklusive der geprüften Mengenermittlung**, damit er erkennen kann, an welchen Stellen die Rechnungsprüfung Korrekturen ergeben hat.

Bei der nächsten Abschlagsrechnung können die Korrekturen vom Auftragnehmer – sofern sachlich richtig – übernommen werden, damit

- der Prüfaufwand für die bereits geprüften Mengen für die Auftraggeberseite reduziert wird und
- der Aufwand für die Prüfung der Schlussrechnung durch die vorgezogene Prüfung bei den Abschlagsrechnungen minimiert ist.

In der Praxis erfolgt die Schlussrechnungsstellung zahlreicher Auftragnehmer innerhalb kurzer Zeit nach Fertigstellung der Arbeiten. Werden die Mengenermittlungen der Rechnungen erst mit der Schlussrechnungsstellung geprüft, entsteht eine starke zeitliche Belastung für den Prüfer. Eine Prüfung der Mengenermittlung ist daher bereits mit den Abschlagsrechnungen geboten.

Hinweis

Der Bauleiter ist gut beraten, frühzeitig mit dem Auftragnehmer die Art der Rechnungsstellung abzustimmen, um seinen Prüfaufwand möglichst gering zu halten.

119

Ausschnitt aus der Rechnung

Pos	Bezeichnung	Menge	EP	GP
5	Malerarbeiten			
5.1	Dispersionsanstrich	40,41	4,50	**181,85**

Ausschnitt aus der entsprechenden Mengenermittlung

Pos	Bezeichnung	Mengenermittlung	Gesamt	Summe
5	Malerarbeiten			
5.1	Dispersionsanstrich			
	Büro 2.14	4,50 x 2,60	11,70	**40,41**
		+ 4,00 x 2,60	10,40	
		+ 4,00 x 2,60	10,40	
		- (1,51 x 2,51)	-3,79	
		+ 4,50 x 2,60	11,70	

Ausschnitt aus dem entsprechenden Ausführungsplan:

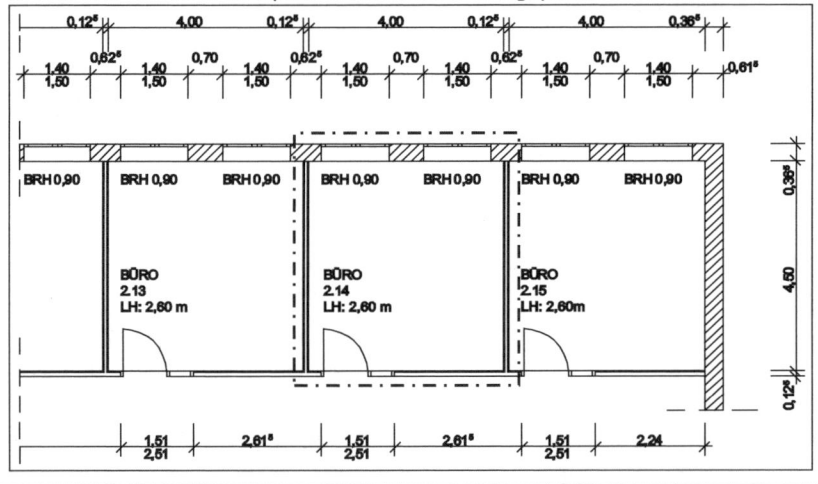

Abbildung 43: Zusammenhang von Rechnung, Mengenermittlung und Zeichnungen

120

6.2.5 Prüfung der Abrechnungssumme

6.2.5.1 Grundsätzliches

Häufig wird die Erstellung der Leistungsverzeichnisse mit EDV-Unterstützung durch AVA-Programme durchgeführt. Viele Programme bieten auch für den Abrechnungsprozess Funktionen an, die jedoch aus Sicht des Autors in den wenigsten Fällen eine wirkliche Erleichterung für den Bauleiter darstellen. Im Folgenden wird davon ausgegangen, dass die Rechnungsprüfung händisch erfolgt.

Die Rechnungsprüfung erfolgt auf den drei Ebenen (vgl. Abb. 43)

- Rechnung, die Einzelleistungen mit ihren Ordnungszahlen, Kurztexten und die Summen aus der Mengenermittlung enthält,

- Mengenermittlung, in der je Ordnungszahl die Mengen ermittelt sind, und

- ggf. Abrechnungszeichnungen, die die Mengen der Mengenermittlung nachvollziehbar machen.

6.2.5.2 Prüfung des Einheitspreises

Bei der Prüfung des Einheitspreises wird der vertraglich vereinbarte Einheitspreis jeder Position des Leistungsverzeichnisses mit dem in Rechnung gestellten Einheitspreis verglichen.

Kommt es zu Abweichungen, so gelten die vertraglich vereinbarten Einheitspreise. Der „falsche" Einheitspreis wird dann in der Rechnung handschriftlich durch den vertraglich vereinbarten Einheitspreis ersetzt.

6.2.5.3 Prüfung der Mengen

Entgegen der Auffassung einzelner Unternehmer sind nach DIN 18299 Punkt 5 für die Mengenermittlung des Auftragnehmers die Ausführungspläne maßgebend, sofern diesen die Mengen entnommen werden können. Nur in den Fällen, in denen die ausgeführte Leistung den Plänen nicht entspricht oder keine Zeichnungen zur Verfügung stehen, erfolgt ein **Aufmaß**. Das Aufmaß ist daher nicht der Regel- sondern der Sonderfall.

Hinweis

Die Mengenermittlungen für die Rechnung basieren grundsätzlich auf den Plänen.

Ein Aufmaß erfolgt ausschließlich dann, wenn von den Zeichnungen abgewichen wurde oder keine Zeichnungen vorliegen.

Dies bedeutet, dass

- die in der Mengenermittlung enthaltenen Maße exakt und ungerundet den Zeichnungsmaßen entsprechen müssen,
- die Bezeichnung, z.B. der Räume, aus den Plänen zur Strukturierung der Mengenermittlung zu verwenden ist.

Für den auftraggeberseitigen Aufwand für die Rechnungsprüfung sind diese Grundsätze wesentlich. In dem Fall, dass die Maße nicht den Zeichnungen entsprechen, ist die Zuordbarkeit zur Zeichnung und die Prüfung der Richtigkeit der Angaben nicht mehr gegeben bzw. nur mit erhöhtem Aufwand durchzuführen, weil die Mengen ja gerade nicht aus den Zeichnungen ermittelt wurden.

In den Fällen, in denen diese Grundsätze der Mengenermittlung nicht eingehalten sind, ist zu prüfen, ob die Rechnung als nicht prüfbar an den Aussteller zurückgegeben werden kann, da sich der Prüfaufwand so stark erhöht, dass eine Prüfung auf dieser Basis nicht zumutbar ist.

Falls ausnahmsweise keine Ausführungspläne vorhanden sind, so ist die Leistung aufzumessen oder durch „andere Belege" nachzuweisen. Dies können beispielsweise

- schriftliche Anordnungen des Auftraggebers oder
- Dokumentationen mündlicher Anordnungen (Protokoll) oder
- Lieferscheine für Material sein.

Viele Unternehmer versuchen spätere Streitigkeiten über das Aufgemessene dadurch zu vermeiden, dass sie das Aufmaß zusammen mit dem Auftraggeber durchführen. Diese Vorgehensweise kann vor allem dann sinnvoll sein, wenn eine Prüfung später nicht mehr möglich ist – beispielsweise bei Abbrucharbeiten.

Bleibt das Aufmaß weiterhin möglich, so liegt es in der Entscheidung des Auftraggebers, ob er daran teilnehmen möchte oder nicht. Regelmäßig muss hier zwischen Nutzen und Aufwand abgewogen werden.

Hinweis

Eine Einladung zu einem gemeinsamen Aufmaß von Leistungen, die aus Plänen ermittelt werden können ist jedenfalls mit Hinweis auf DIN 18299 Punkt 5 abzulehnen.

Die Prüfung der Mengenermittlung erfolgt in den Schritten:

a) Prüfung, ob die in der Mengenermittlung ausgewiesenen Einzelmaße mit den in den Ausführungsplänen ausgewiesenen Einzelgrößen übereinstimmen (vgl. Abb. 43, Mitte und unten).

b) Prüfen, ob die Abrechnungsparameter der jeweiligen Fachnormen der VOB/C eingehalten sind (vgl. Abb. 43, Mitte).

c) Rechnerische Prüfung durch Nachrechnen der Mengenermittlung (vgl. Abb. 43, Mitte).

Zu a) Prüfung der Einzelmaße

Die Einzelmaße (vgl. Abb. 43, Mitte) können an Hand der jeweiligen Ausführungspläne (vgl. Abb. 43, unten) schnell und einfach nachvollzogen werden.

Richtige Maße werden abgehakt, Abweichungen handschriftlich in die Mengenermittlung übernommen und korrigiert. Die weiteren Ermittlungen werden dann auf Basis der geprüften Mengen durchgeführt.

Zu b) Abrechnungsparameter der VOB/C

Neben der Prüfung auf Übereinstimmung von Maßen und Zeichnungen ist zu untersuchen, ob die Abrechnungsparameter des zugehörigen Leistungsbereiches eingehalten sind, die im Abschnitt 5 der entsprechenden Fachnorm der VOB/C entnommen werden können.[43] Beispielsweise werden bei Malerarbeiten Öffnungen erst ab einer Größe von 2,5 m² abgezogen.

Zu c) Rechnerische Prüfung

Die rechnerische Prüfung ist in vielen Fällen trotz EDV-Abrechnungen notwendig, um die Korrekturen zu berücksichtigen.

Inwieweit die auf den als richtig anerkannten Maßen durchgeführten Berechnungen nachgerechnet werden müssen, hängt vom Einzelfall ab.

6.2.5.4   Ermittlung der Gesamtpreise

Der Gesamtpreis einer Position wird durch Multiplikation der Menge mit dem entsprechenden Einheitspreis ermittelt.

Kommt es – beispielsweise auf Grund von Fehlern in der Mengenermittlung – zu Abweichungen, so wird der „falsche" Gesamtpreis in der Rechnung handschriftlich durch den ermittelten Gesamtpreis ersetzt.

---

43 Eine übersichtliche Darstellung findet sich auch in Damerau u.a.

6.2.5.5   Summierung zur Netto-Abrechnungssumme

Die Gesamtpreise sind entsprechend der Systematik der Abrechnung ggf. über Titelsummen bis zur Gesamtsumme netto zu summieren.

6.2.5.6   Behandlung nicht vom Bau-Soll umfasster Leistungen

Modifizierte Leistungen werden wenn möglich unter dem zugehörigen Titel aufgeführt und abgerechnet. So kann der Planer für seine zukünftigen Projekte die Erfahrungen des aktuellen Projektes durch Auswertung zu Kostenkennwerten sicher stellen.[44]

Auf die Behandlung von Nachträgen wird unter D.7 ausführlich eingegangen.

Beispiel

Bei der Ausschreibung von Trockenbauwänden mit einer Stärke von 11,5 cm wurde die Zulage für das Herstellen von Wandöffnungen versehentlich nicht mit ausgeschrieben (vgl. DIN 18340 Punkt 4.2.14).

Die Abrechnung der Wandöffnungen erfolgt unter dem Titel „11,5 cm Trockenbauwände" damit bei der Auswertung sämtlicher Kosten die verursachenden Leistungen eines Bauelementes in einem Kennwert erfasst sind.

Die Wandöffnungen sind ebenfalls darunter zufassen.

6.2.6   Ermittlung des Auszahlungsbetrags

Der Auszahlungsbetrag, der einem Auftragnehmer zusteht, ergibt sich nach gesetzlichen (Bauabzugsteuer, Mehrwertsteuer etc.) und vertraglichen (Nachlass, Skonto, Sicherheitseinbehalte etc.) Regelungen sowie bereits geleisteten Zahlungen bzw. vorzunehmenden Einbehalten.

Dabei kann grundsätzlich folgendermaßen vorgegangen werden (vgl. Abb. 44):

- Zunächst wird von der Netto-Abrechnungssumme ein etwaiger Nachlass abgezogen. Es ergibt sich der Rechnungsbetrag netto.
- Hierauf ist die Mehrwertsteuer zu erheben; es ergibt sich der Rechnungsbetrag brutto.
- Hiervon werden etwaige Sicherheitseinbehalte o.ä. abgezogen, um den Anspruch brutto zu ermitteln.
- Von diesem wird ein vereinbartes Skonto abgezogen, um den Anspruch netto[45] zu erhalten.
- Nach Abzug bereits geleisteter Zahlungen und ggf. weiterer Abzüge wegen Mängeln ist der fällige Rechnungsbetrag ermittelt.

---

44   Vgl. F.2.1.
45   Hier im Sinne des Zahlungsanspruchs des Rechnungsstellers zu verstehen.

124

Bauvorhaben XYZ

2. Abschlagsrechnung vom 01.12.2007
Maler GmbH & Co. KG
Malerweg 22
58366 Rotdorf

Summe netto	**58.432,12 EUR**
./. 2,00% Nachlass	1.168,64 EUR
Rechnungsbetrag netto	**57.263,48 EUR**
+ 19,00% MwSt.	10.880,06 EUR
Rechnungsbetrag brutto	**68.143,54 EUR**
./. 10,00% Sicherheitseinbehalt	6.814,35 EUR
./. 0,30% AN-Anteil BW-Versicherung	204,43 EUR
Anspruch brutto	**61.124,75 EUR**
./. 2,00% Skonto	1.122,50 EUR
Anspruch netto	**59.902,26 EUR**
./. geleistete 1. Abschlagsrechnung	24.252,78 EUR
fällig netto, diese Abschlagsrechnung	**35.649,48 EUR**
Auszahlungsbetrag	**35.649,48 EUR**

Abbildung 44: Ermittlung des Auszahlungsbetrages einer Abschlagsrechnung

Skonto

Skonto darf gemäß § 16 Abs. 5 Nr. 2 VOB/B nur abgezogen werden, wenn

- ein Skonto im Vertrag vereinbart ist und
- wenn die – im Streitfall vom Auftraggeber nachzuweisenden – Voraussetzungen des Skontoabzugs vorliegen: Die rechtzeitige Zahlung.

Bauabzugsteuer

Legt der Auftragnehmer dem Auftraggeber keine Freistellungsbescheinigung vor, so ist der Auftraggeber gemäß § 48 UStG verpflichtet, 15 v.H. des entsprechenden Betrages einzuhalten und an das Finanzamt des Auftragnehmers abzuführen.

125

Mängeleinbehalte

Der Auftraggeber kann bei festgestellten Mängeln gemäß § 641 Abs. 3 BGB mindestens das Zweifache der Mängelbeseitigungskosten zurückhalten. Diese Regelung bezieht sich sowohl auf die Schlussrechnung als auch auf mögliche Abschlagszahlungen und gilt für BGB- und VOB-Verträge.

Geleistete Zahlungen

Bei der aufsummierenden Rechnungsstellung sind die bereits geleisteten Zahlungen zu berücksichtigen.

Um auszuschließen, dass Rechnungen doppelt bezahlt werden – z.B. bei gleichzeitiger Übersendung an Bauherrn und Planer – ist von Anfang an abzustimmen, wer Rechnungen freigeben darf und dass auch nur entsprechend freigegebene Rechnungen bezahlt werden.

Manche Bauherrn weisen – besonders bei terminlich untreuen Auftragnehmern – freigegebene Rechnungen nicht an, um einen finanziellen Druck auf den Auftragnehmer auszuüben.

Dieser Fall sollte ebenfalls vorab ausgeschlossen werden, um böse Überraschungen für Bauherrn und Bauleiter zu vermeiden. Ein Beispiel ist die Einstellung der Arbeiten durch den Auftragnehmer nach § 16 Abs. 5 Nr. 5 VOB/B , wenn der Auftraggeber auf Nachtfristsetzung hin nicht zahlt.

6.2.7 Nach der Rechnungsprüfung

Die weitaus meisten Rechnungen im Bauwesen enden mit der Aufschlagung der Mehrwertsteuer auf den Abrechnungsbetrag netto und lassen die zuvor beschriebenen Abzüge – zumeist ohne böse Absicht – außer Acht. Der Auszahlungsbetrag stimmt daher nur in den seltensten Fällen mit dem ursprünglichen Rechnungsbetrag des Auftragnehmers überein.

Weicht die Zahlung des Bauherrn von der Rechnungssumme ab, so ist das für den Auftragnehmer zunächst nicht nachvollziehbar und birgt entsprechendes Konfliktpotenzial.

Daher sollte dem Auftragnehmer eine **Kopie der geprüften Rechnung** übersandt werden, um die Ermittlung des Auszahlungsbetrages für den Auftragnehmer plausibel zu machen. Darüber hinaus kann der Auftragnehmer etwaige Korrekturen in seine nächsten Rechnung aufnehmen und damit dem Auftraggeber die Arbeit erleichtern.

7   Nachträge

Änderungen eines Vertrages können in der Regel nur mit dem Willen beider Vertragsparteien vorgenommen werden. Im Bauwesen hat sich durch § 1 Abs. 3 VOB/B die Besonderheit durchgesetzt, dass der Bauherr einen Bauvertrag einseitig durch Änderungen des Bauentwurfes ändern kann. Im Gegenzug regelt die VOB/B, welche **Ansprüche der Auftragnehmer** gegenüber dem Auftraggeber hat.

Dieser Grundgedanke der VOB/B versucht einen Ausgleich von Auftraggeber und Auftragnehmer sicherzustellen. Im Folgenden wird die Ermittlung eines solchen Ausgleichs zwischen den Interessen von Auftraggeber und Auftragnehmer beschrieben. Dabei wird davon ausgegangen, dass dem Bauvertrag die VOB/B zu Grunde liegt.

Bauleistungen werden oftmals abweichend von dem ausgeführt, was ursprünglich vertraglich vereinbart wurde. Dann liegt eine Abweichung des vertraglich vereinbarten Bau-Soll zum tatsächlichen Bau-Ist vor.

Ursachen für eine derartige Abweichung können beispielsweise

- die Fertigstellung der Planung erst nach der Ausschreibung,
- Änderungswünsche des Bauherrn während der Baudurchführung oder
- behördliche Auflagen

sein.[46]

---

46   Vgl. Feuerabend/Prote, S. 171 ff.

7.1 Grundlagen

7.1.1 Die Kalkulation des Auftragnehmers

Die Kalkulation des Auftragnehmers dient der Preisfindung und wird auf Grundlage der Ausschreibungsunterlagen durchgeführt. Sie erfolgt in mehreren Kalkulationsstufen.[47] Nach dem Zeitpunkt bzw. Zeitraum der Anwendung werden

a) die Kalkulationen bis zur Auftragserteilung und

b) die Kalkulationen nach Auftragserteilung

unterscheiden (Vgl. Abb. 45).

Zu a) Kalkulationen bis zur Auftragserteilung

Bis zur Auftragserteilung werden die Soll-Kosten des entsprechenden Auftrags durch die **Angebotskalkulation** ermittelt. Sie wird auf Grundlage der auftraggeberseitigen Ausschreibungsunterlagen erstellt.

Kommt es zwischen Bieter und Auftraggeber zum Bauvertrag, so bildet diese Angebotskalkulation die Grundlage der **Auftragskalkulation**. Sie definiert zum Zeitpunkt des Vertragsschlusses alle Parameter der Kostenermittlung und Preisbildung aus denen sich die vertragliche Vergütung des Auftragnehmers für die geschuldete Leistung ergibt.

Die Auftragskalkulation bildet grundsätzlich die Basis auf der Nachtragsansprüche der Höhe nach berechnet werden.

Zu b) Nach Auftragserteilung

Nach der Auftragserteilung setzt sich der Auftragnehmer intensiver mit der Arbeitsvorbereitung des Auftrags auseinander. Aus den daraus gewonnenen Erkenntnissen folgen präzisere Aussagen zu den Kosten.

So werden Angebots- bzw. Auftragskalkulation hin zu realistischen Soll-Kosten fortgeschrieben: Der **Arbeitskalkulation**. Sie dient dem Auftragnehmer zum internen Kosten-Soll-Ist-Vergleich.

Sofern erforderlich, stellt der Auftragnehmer eine **Nachtragskalkulation** auf, in der er seine Nachträge kalkuliert.

Damit der Auftragnehmer seine Kosten- und Zeitansätze überprüfen und für zukünftig vergleichbare Projekte verwenden kann, werden die tatsächlich durch die Bauleistung entstandenen Kosten durch eine **Nachkalkulation** festgestellt.

---

47   Vgl. Kapellmann/Schiffers, Band 1, Rn. 27 ff.

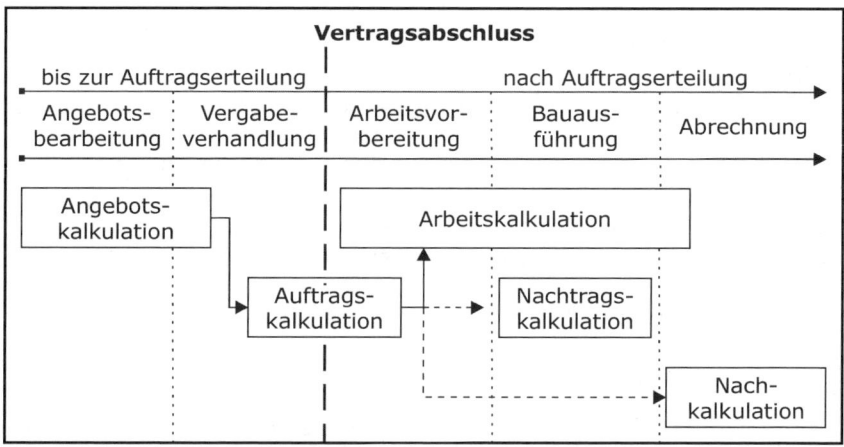

Abbildung 45: Die verschiedenen Kalkulationen des Auftragnehmers

7.1.2 Einzelkosten der Teilleistungen

Als **Einzelkosten der Teilleistung (EKT)** bezeichnet man alle zur Erstellung einer Bauleistung anfallenden Kosten, die unmittelbar einer Ordnungszahl zugeordnet werden können, wie beispielsweise

a) Lohnkosten,

b) Stoffkosten,

c) Gerätekosten und

d) Fremdleistungskosten.

Die Einzelkosten der Teilleistung werden auch als direkte Kosten bezeichnet, weil sie grundsätzlich proportional zur ausgeführten Menge sind.

Zu a) Lohnkosten

Zu den **Lohnkosten** werden die Kosten aus der Beschäftigung von gewerblichen Arbeitnehmern für die Erstellung der Bauleistung gezählt.

Zu b) Stoffkosten

Unter den **Stoffkosten** werden Baustoffkosten, Bauhilfsstoffkosten und Betriebsstoffkosten erfasst, die sich direkt einer Ordnungszahl bzw. Teilleistung zuordnen lassen.[48] Diese Kostenart variiert in Abhängigkeit der ausgeführten Menge.

---

48 Vgl. Gralla/Würfele, Rn. 582 ff.

Zu c) Gerätekosten

Die **Gerätekosten** beinhalten alle Kosten für den Einsatz von Maschinen und Geräten für die Erbringung der geforderten Bauleistung. Zu den Gerätekosten zählen unter anderem die zeitabhängigen Vorhaltekosten wie Abschreibung, Verzinsung oder Reparatur sowie weitere Kosten für Bedienung, Wartung Geräteversicherung und Transport.

Gerätekosten werden gesondert ausgewiesen, da sie bei einigen Positionen wie beispielsweise Erdaushub einen großen Teil der Kosten ausmachen. Sie werden im Allgemeinen durch Berechnung der Geräteleistung unter Berücksichtigung der betrieblichen Randbedingungen ermittelt.[49]

Zu d) Fremdleistungskosten

Fremdleistungskosten sind Kosten, die bei der Erstellung einer Bauleistung durch Nachunternehmer des Auftragnehmers anfallen.

7.1.3 Baustellengemeinkosten

Kosten, die nicht unmittelbar einer Ordnungszahl zugeordnet werden können, nennt man **Baustellengemeinkosten (BGK)**. Ein Beispiel sind die Kosten des Baukrans, der für viele Einzelleistungen Hebevorgänge erbringt ohne dass diese Kosten den jeweiligen Ordnungszahlen zuordbar sind. Weil im Leistungsverzeichnis in der Regel keine Position für Baustellengemeinkosten enthalten ist, werden diese Kosten auf die Positionen umgelegt.

Es werden

  a) einmalige Baustellengemeinkosten und

  b) zeitabhängige Baustellengemeinkosten

unterschieden.

Zu a) einmalige Baustellengemeinkosten

Einmalige Baustellengemeinkosten werden von der Länge der Bauzeit nicht beeinflusst und sind nahezu unabhängig von den Ausführungsmengen der einzelnen Teilleistungen. Ein Beispiel sind die Kosten für das Einrichten und Räumen der Baustelle.

---

49 Vgl. Gralla/Würfele, Rn. 600-638.

Zu b) zeitabhängige Baustellengemeinkosten

Zeitabhängige Baustellengemeinkosten werden primär durch die Dauer der Baumaßnahme beeinflusst.[50] Daher bleibt die Höhe der Kosten je Zeiteinheit bei Änderungen des Bau-Solls oder bei Bauablaufstörungen im Wesentlichen konstant. Typische zeitabhängige Baustellengemeinkosten sind

• Betriebs- und Bedienungskosten von Geräten,

• Vorhaltekosten von Geräten und

• Kosten der örtlichen Bauleitung.

7.1.4 Allgemeine Geschäftskosten

Im Gegensatz zu den projektspezifischen Baustellengemeinkosten handelt es sich bei den **Allgemeinen Geschäftskosten (AGK)** um projektübergreifende Kosten, die aus dem Geschäftsbetrieb des Auftragnehmers resultieren. Darunter fallen beispielsweise

• Kosten der Unternehmensleitung und des Verwaltungspersonals,

• Mietkosten, Abschreibung und Verzinsung auf Gebäude und Betriebsmittel,

• Steuern,

• öffentliche Abgaben,

• Versicherungen

sowie viele weitere Kosten, die unter dem Begriff Verwaltungskosten zusammengefasst werden.

7.1.5 Wagnis und Gewinn

Das unternehmerische Risiko wird Wagnis und der Überschuss Gewinn genannt. Diesen kalkulatorischen Aufschlag, der sich i.d.R. im einstelligen Prozentbereich bewegt, nennt man **Wagnis und Gewinn (WuG)**.

7.1.6 Kalkulationsarten

7.1.6.1 Umlagekalkulation

Bei der **Umlagekalkulation** werden die Baustellengemeinkosten für das Bauprojekt ermittelt und auf die einzelnen Positionen umgelegt.

Zunächst werden die **Einzelkosten der Teilleistungen** sämtlicher Ordnungszahlen ermittelt.

---

50 Vgl. Würfele / Gralla, Rn. 670.

	Einzelkosten der Teilleistungen EKT
+	Baustellengemeinkosten BGK
=	**Herstellkosten der Bauleistung HK**
+	Allgemeine Geschäftskosten der Unternehmung AGK
=	**Selbstkosten der Auftragsdurchführung SK**
+	Allgemeines Unternehmenswagnis und -gewinn WuG
=	**Angebotsendsumme (netto)**
+	Mehrwertsteuer
=	**Angebotsendsumme brutto**

Abbildung 46: Aufbau einer Kalkulation

Sodann berechnet der Bieter die Baustellengemeinkosten der Baumaßnahme analog den Einzelkosten und addiert sie zu den Einzelkosten der Teilleistungen, um die **Herstellkosten** der Bauleistung zu erhalten.

Auf die Herstellkosten werden die Allgemeinen Geschäftskosten aufgeschlagen und der Bieter erhält seine **Selbstkosten** der Angebotsdurchführung.

Hierauf werden Wagnis und Gewinn aufgeschlagen. Es ergibt sich die **Angebotssumme** netto.

Die Differenz zwischen Einheitspreis und Einzelkosten der Teilleistung wird als **Deckungsbeitrag** bezeichnet, der dazu dient BGK, AGK und WuG zu erzielen.

Nachdem ermittelt wurde, welcher Deckungsbeitrag umzulegen ist, legt der Bieter ein Verteilungsschlüssel für die Umlage fest, der von Projekt zu Projekt verschieden sein kann.

Beispiel

Die Einzelkosten der Teilleistungen betragen 100.000,- EUR, davon sind 50.000,- EUR Lohnkosten. Die Summe der Deckungsbeiträge beträgt 30.000,-

Der Zuschlag auf die Lohnkosten wird auf 20 v.H., also 10.000 EUR, festgesetzt. Die verbleibende umzulegende Betrag in Höhe von 20.000,- EUR wird einheitlich auf die übrigen Kostenarten verteilt.

Es ergibt sich ein Zuschlagssatz von 40 v.H. auf die übrigen Kostenarten.

Die Berechnung der Einheitspreise erfolgt je Ordnungszahl durch Beaufschlagung der einzelnen Kostenarten der Einzelkosten der Teilleistungen mit entsprechenden Zuschlagssätzen (vgl. Abb. 46).

Umlagekalkulationen kommen in der Praxis vor allem bei Rohbauarbeiten zum Einsatz.

7.1.6.2 Zuschlagskalkulation

Bei der **Zuschlagskalkulation** werden die konkreten Kosten für die Baustelleneinrichtung nicht ermittelt und umgelegt, sondern über projektübergreifende Zuschläge gedeckt. Diese Zuschlagssätze können beispielsweise jährlich ermittelt werden.

Die Zuschlagskalkulation wird durchgeführt, wenn die Ermittlung der Baustellengemeinkosten von Projekt zu Projekt nicht notwendig ist (Beispiel: Malerarbeiten) und Erfahrungswerte sinnvoll eingesetzt werden können.

7.2 Grundsätzlicher Prüfprozess: Prüfung dem Grunde nach

Um prüfen zu können ob Nachtragsansprüche des Auftragnehmers **dem Grund nach berechtigt** sind, ist zunächst prüfen, ob eine vom Vertrag abweichende Leistung vorliegt.

Prüfung dem Grunde nach	
1. Schritt:	Bestimmung des Bau-Soll
2. Schritt:	Bestimmung des Bau-Ist
3. Schritt:	Feststellung der Abweichung von Bau-Soll und Bau-Ist

Erst wenn eine Leistungsabweichung feststellt wird, ist der Anspruch der Höhe nach zu ermitteln.

7.2.1 Ermittlung des Bau-Solls

Das **Bau-Soll** ist die durch den Bauvertrag bestimmte Leistung des Auftragnehmers zur Erreichung des werkvertraglichen Erfolgs.[51] Wobei das Bau-Soll in der Regel beim Einheitspreisvertrag durch die Bestandteile der Ausschreibung näher definiert ist. Diese Ausschreibungsbestandteile sind unter anderem

• das Leistungsverzeichnis,
• die Vergabeprotokolle,
• die Baubeschreibungen,
• die Ausführungspläne zur Auftragserteilung und
• Vorbemerkungen.

Die Feststellung des Bau-Soll besteht darin, zu ermitteln, welche Leistung laut Vertrag geschuldet wird.

---

[51] Vgl. Kapellmann/Schiffers, Band 1, Rn. 100 ff.

Neben den konkreten Leistungsbeschreibungselementen existieren eine Vielzahl von Regelungen, die ebenfalls in die Betrachtung mit einzubeziehen sind, wie beispielsweise die VOB/C, die Nebenleistungen definiert, die nicht zusätzlich vergütet werden und auch nicht im Bauvertrag aufgeführt sind.

Das Bau-Soll bestimmt sich somit nach den Regelungen des Vertrages mit allen textlichen, zeichnerischen und sonstigen Vertragsbestandteilen.

7.2.2 Ermittlung des Bau-Ist

Nachdem das Bau-Soll bestimmt ist, ermittelt man im zweiten Schritt die tatsächlich auszuführenden Leistungen: Das **Bau-Ist**.

Das Bau-Ist ist nicht mit der tatsächlich ausgeführten Leistung gleichzusetzen. Vielmehr ist das **Bau-Ist** die **Soll-Vorgabe**, des zu Erstellenden, die sich aus

• den Ausführungsplänen,

• dem Schriftverkehr oder

• sonstigen Dokumenten

ergibt.

Es versteht sich von selbst, dass das Bau-Ist mit dem tatsächlich Ausgeführten übereinstimmen muss.

7.2.3 Gegenüberstellung Bau-Soll / Bau-Ist

Nachdem Bau-Soll und Bau-Ist bestimmt sind, stellt man die vertraglich vereinbarten Leistungen (Bau-Soll) den tatsächlich auszuführenden Leistungen (Bau-Ist) gegenüber.

Stellt man bei diesem Vergleich eine Leistungsabweichung fest, so ist der Nachtragsanspruch dem Grunde nach berechtigt (Vgl. Abb. 47).

Bau-Soll		Bau-Ist		Differenz
Beschreibung	**Beleg**	**Beschreibung**	**Beleg**	
Teppichboden	LV Pos. 4.12	Parkett	Besprechungsprotokoll mit Bauherrn vom 11.08. diesen Jahres	Anstatt eines Teppichboden wünscht der Bauherr Parkett

Abbildung 47: Dokumentation der Prüfung dem Grunde nach

Handelt es sich bei den Abweichungen lediglich um Konkretisierungen der vertraglich geschuldeten Leistung oder liegt keine Leistungsabweichung vor, so ist der Nachtrag dem Grunde nach unberechtigt und zurückzuweisen.

Im Fall des § 2 Abs. 3 VOB/B sind Mengenänderungen aus Abweichungen von Bau-Soll und Bau-Ist nach § 2 Abs. 5 und 6 VOB/B zu behandeln. Im Ergebnis erhält man jedoch bei einer Ermittlungsmethodik wie unter § 2 Abs. 3 VOB/B verlangt stets die gleiche Anspruchshöhe, weshalb in der Praxis in vielen Fällen einvernehmlich nach Regeln des § 2 Abs. 3 VOB/B vorgegangen wird und auch diese Leistungen in der Ausgleichsberechnung Berücksichtigung finden.

7.3 Ansprüche nach § 2 Abs. 3 VOB/B

7.3.1 Grundsätzliches

Sofern die Vordersätze des Leistungsverzeichnisses von den tatsächlichen Mengen abweichen, entstehen beiden Vertragsparteien mögliche Ansprüche aus § 2 Abs. 3 VOB/B. Abweichungen kleiner 10 v.H. der Vordersätze sind unbeachtlich.

Hintergrund der Regelung ist, dass bei einer größeren Abweichung der Mengen, die im jeweiligen Einheitspreis enthaltenen Deckungsbeiträge entweder nicht mehr zur Deckung ausreichen oder eine Überdeckung der Kosten eintritt.

Weichen die tatsächlich erbrachten Mengen um mehr als 10 v.H. von den Mengenansätzen im Leistungsverzeichnis ab, so kann eine der Vertragsparteien nach § 2 Abs. 3 VOB/B eine Anpassung der entsprechenden Einheitspreise verlangen. Wenn keine Vertragspartei eine Anpassung verlangt, bleibt es bei den vereinbarten Einheitspreisen.

> **Hinweis**
> Jede Mengenänderung infolge einer Anordnung des Auftraggebers schließt die Anwendung von § 2 Abs. 3 VOB/B aus. Diese Fälle sind modifizierte Leistungen, die eine andere Anspruchsgrundlage haben.

Der Preisanpassungsanspruch kann durch

- die Berechnung neuer Einheitspreise oder
- durch eine Ausgleichsberechnung

erfolgen. Beide Methoden führen zum gleichen Ergebnis.

Die Berechnung eines neuen Einheitspreises nutzt man dann, wenn nur wenige Ordnungszahlen betroffen ist. Die Ausgleichsberechnung erfasst sämtliche betroffenen Ordnungszahlen in einem Schritt und ist daher eine effiziente Methode. Sie wird unter 0.7.3.4 ausführlich erläutert.

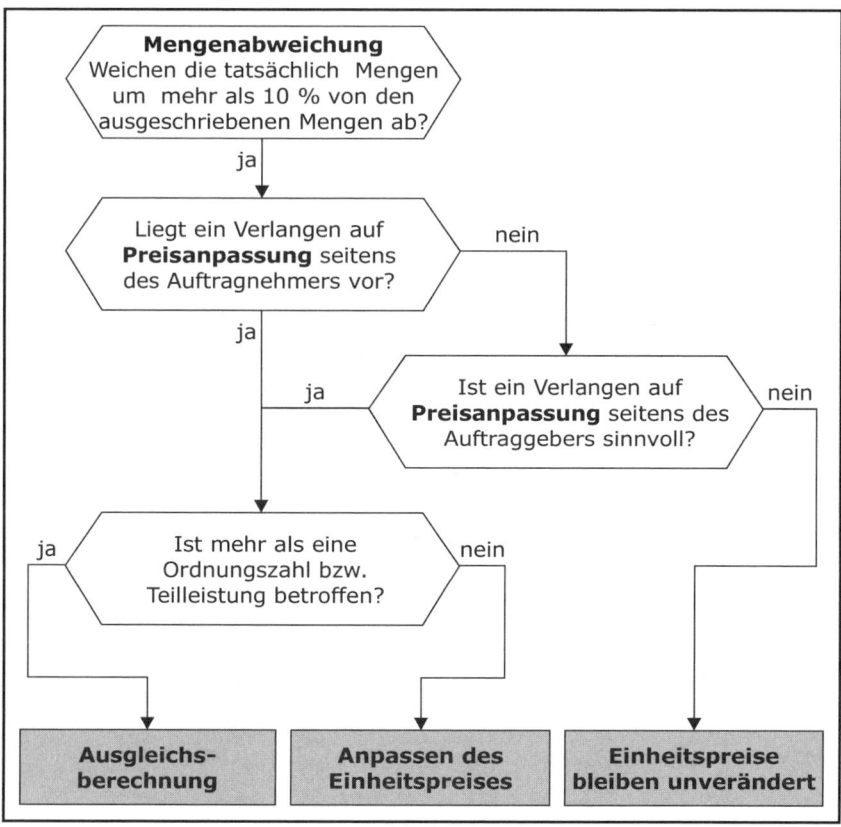

Abbildung 48: Prüfschema für Ansprüche aus § 2 Nr. 3 VOB/B

7.3.2 Mengenmehrung

Im Fall der Mengenmehrung ist auf Verlangen nach § 2 Abs. 3 Nr. 2 VOB/B für den Teil der über 110 v.H. hinausgehenden Menge ein neuer Einheitspreis zu ermitteln. **Die Mengen bis 110 v.H. werden mit dem vertraglichen Einheitspreis abgerechnet**.

Dabei hat der Auftragnehmer für die 110 v.H. hinausgehenden Menge einen Anspruch auf AGK und WuG. Die Deckungsbeiträge für BGK sind in den meisten Fällen mit Abrechnung der Vordersätze vollständig erzielt.

Daher entspricht in den meisten Fällen der Einheitspreis der über 110 v.H. hinausgehenden Menge dem alten Einheitspreis abzüglich der Deckungsbeiträge für BGK.

Auswirkungen auf die Einzelkosten der Teilleistung

Die Einzelkosten der Teilleistung sind als direkte Kosten proportional zur ausgeführten Menge. Ausnahmen sind in der beispielsweise in Fällen

- der Verbilligung von Stoffkosten durch größere Einkaufsmengen oder
- einer Erniedrigung der Einzelkosten durch den Einsatz von leistungsfähigeren Geräten

denkbar.

Auswirkungen auf die Baustellengemeinkosten

In der Regel erhöhen sich die Baustellengemeinkosten bei einer Mengenmehrung nicht, weil in einer Vielzahl der Fälle die auszuführenden Leistungen trotz Mengenüberschreitung mit der bereits vorhandenen Baustelleneinrichtung innerhalb der vorgesehenen Bauzeit ausgeführt werden können.

Der Einheitspreis bleibt bis zu einer Menge von 110 v.H. der ausgeschriebenen Menge konstant. Bei Mengenmehrungen über 110 v.H. hinaus entfallen regelmäßig die Baustellengemeinkosten und es wird auf Verlangen ein neuer Einheitspreis gebildet. Ansonsten käme es beim Auftragnehmer zu einer Überdeckung der Baustellengemeinkosten.

Ausnahmen können

- der Einsatz eines zusätzlichen Poliers,
- eine Vergrößerung der Baustelleneinrichtung oder
- eine längere Vorhaltung der Baustelleneinrichtung

sein.

Beispiel

Statt 100 m² Landhausdielen sind 120 m² ausgeführt worden.

Die Mengen bis 110 m² werden mit dem alten Einheitspreis vergütet und die verbleibenden 10 m² mit dem neuen Einheitspreis ohne Deckungsbeiträge für BGK.

Kalkulations-bestandteile	Elemente des Preises bis 110% der Vordersätze des Vertrags	Elemente des Preises über 110% der Vordersätze hinaus	Kalkulations-bestandteile
WuG			enthalten
AGK			enthalten
BGK			sind i.d.R ersparbar
EKT			enthalten

Abbildung 49: Ansprüche aus Mengenmehrung nach § 2 Nr. 3 VOB/B

Auswirkungen auf die Allgemeinen Geschäftskosten

Bei den Allgemeinen Geschäftskosten handelt es sich um umsatzbezogene Deckungsbeiträge des Auftragnehmers.

Im Fall der Mengenmehrung darf der Auftragnehmer nicht schlechter gestellt werden, als wenn von vorne herein die tatsächliche Menge ausgeschrieben worden wäre. Sonst würde jeder Auftraggeber nur einen Bruchteil der Menge ausschreiben, um die AGK des Auftragnehmers zu sparen.

Der Zuschlagssatz für AGK ist daher auch für die über 110 v.H. hinausgehenden Mengen zu vergüten.

Auswirkungen auf Wagnis und Gewinn

Hier gilt das zu den Allgemeinen Geschäftskosten Gesagte entsprechend. Die zuvor besprochenen Zusammenhänge werden in Abb. 49 visualisiert.

> **Hinweis**
>
> Weil die Einheitspreise bei Mengenmehrungen in der Regel niedriger werden, hat bei Mengenmehrung der Auftraggeber ein Interesse an neuen Einheitspreisen.

Kalkulations-bestandteile	Vertraglich vereinbarter Preis	Bestandteile des neuen Preises	Kalkulations-bestandteile
WuG			umgerechnet auf geringere Menge
AGK			umgerechnet auf geringere Menge
BGK			umgerechnet auf geringere Menge
EKT			unverändert

Abbildung 50: Ansprüche aus Mengenminderung nach § 2 Nr. 3 VOB/B

7.3.3 Mengenminderung

Kommt es im Verlauf der Bauausführung zu einer Mengenminderung um mehr als 10 v.H. von den vertraglich vereinbarten Mengen, so hat der Auftragnehmer Anspruch auf die in den ausgeschrieben Mengen enthaltenen Deckungsbeiträge für BGK, AGK und WuG (Vgl. Abb 50).

Dies bedeutet, dass auf Verlangen einer Partei bei einer über 10 v.H. hinausgehenden Mindermenge ein neuer Einheitspreis für die tatsächlich ausgeführte Menge zu bilden ist. **Dabei ist zu beachten, dass die Folge einer Mengenminderung niemals eine Herabsetzung des Einheitspreises sein kann.**[52]

Auswirkungen auf die Einzelkosten der Teilleistungen

Hierfür gilt das zur Mengenmehrung Gesagte entsprechend.

---

52   Vgl. Kapellmann/Schiffers, Band 1, Rn. 525.

139

Auswirkungen auf die Baustellengemeinkosten

Sind die tatsächlich ausgeführten Mengen einer oder mehrerer Positionen geringer als die im Leistungsverzeichnis ausgeschriebenen Mengen, so verringern sich die Baustellengemeinkosten in der Regel nicht. Der Auftragnehmer hat daher einen Anspruch auf Erstattung der Deckungsbeiträge der Baustellengemeinkosten, die er mit der Abrechnung der niedrigeren Mengen nicht erzielen kann.

Auswirkungen auf die Allgemeinen Geschäftskosten

Im Falle der Mengenminderung ist der Deckungsbeitrag für Allgemeine Geschäftskosten, der mit Abrechnung der Vordersätzen erzielt würde voll auf die verringerten Mengen umzulegen.

Auswirkungen auf Wagnis und Gewinn

Hier gilt das zu den Allgemeinen Geschäftskosten gesagte entsprechend.

Hinweis

Weil die Einheitspreise bei Mengenminderungen in der Regel höher werden, hat bei Mengenmehrung der Auftragnehmer ein Interesse an neuen Einheitspreisen.

7.3.4 Ausgleichsberechnung

Bei der Ausgleichsberechnung werden pro Ordnungszahl nicht die neuen Einheitspreise ermittelt, sondern direkt die auszugleichenden Summen an Deckungsbeiträgen. So können Ansprüche aus Mengenmehrung und Mengenminderung gegeneinander aufgerechnet werden (Vgl. Abb. 51).[53]

Zeigt sich bei der Gegenüberstellung der Deckungsbeitragssummen aus Mengenüberschreitungen zu den Positionen aus Mengenunterschreitung eine Unterdeckung, so ist dieser Betrag dem Auftragnehmer zu erstatten.

Stellt man dagegen eine Überdeckung fest, so müssen die BGK gesondert betrachtet werden. Sind diese Kosten überdeckt, so hat der Auftraggeber Anspruch auf Ausgleich.

---

53 Vgl. ausführlich Feuerabend/Prote, S. 181 f.

OZ	Kurztext	ausge-schriebe-ne Menge	ausge-führte Menge	Abwei-chung unter 90%	Abwei-chung über 110%	alter EP [EUR]	DB 20 % [EUR]	DB BGK 10% [EUR]	Aus-gleichs-summe [EUR]
(1)	(2)	(3)	(4)	(5) = (3)-(4)	(6) = (4)- 1,1x(3)	(7)	(8)	(9)	(10) = (5)x(8) oder (6)x(9)
1	Unterboden reinigen	150 m²	180 m²		15 m²	1,00		0,10	- 1,50
2	Unterboden grundieren	150 m²	180 m²		15 m²	2,00		0,20	- 3,00
3	Unterboden spachteln	150 m²	180 m²		15 m²	4,00		0,40	- 6,00
4	Merbau Land-hausdielen	100 m²	80 m²	20 m²		100,00	20,00		400,00
5	Fliesen „weiß"	50 m²	100 m²		45 m²	50,00		5,00	- 225,00
6	Sockelleisten Merbau	50 m	40 m	10 m²		10,00	2,00		20,00
7	Sockelfliesen „weiß"	35 m	70 m		31,5 m	15,00		1,50	- 47,25
8	Abschluss-Schienen	10 Stk.	15 Stk.		4 Stk.	7,00		0,70	- 2,80
	Ausgleichsanspruch gesamt								- 134,45

Abbildung 51: Beispiel einer Ausgleichsberechnung

7.4 Geänderte und zusätzliche Leistung nach § 2 Abs. 5 und 6 VOB/B

Wie bereits erläutert, hat der Auftraggeber das Recht gemäß § 1 Abs. 3 VOB/B Änderungen des Bauentwurfs anzuordnen oder zusätzliche Leistungen zu beauftragen.

Das Recht des Auftraggebers, eine einseitige Änderung des Bauentwurfs vor-zunehmen, beinhaltet aber auch die Pflicht die vom Auftragnehmer ausge-führte, vom Bau-Soll abweichende Leistung, zu vergüten. Dazu wird die Auf-tragskalkulation so fortgeschrieben, als wenn von vorne herein die späteren Leistungen ausgeschrieben worden wären.

Hinweis

Aus modifizierten Leistungen, können nicht nur Änderungen des Bauinhalts, sondern in manchen Fällen auch Änderung der Bauumstände resultieren, die dadurch bedingt sind, dass zusätzliche Vorgänge in den geplanten Bauablauf integriert werden müssen.

Der Auftragnehmer hat bei einer angeordneten Leistungsänderung nach § 1 Abs. 3 VOB/B einen Vergütungsanspruch seiner Leistung nach § 2 Abs. 5 VOB/B. Ordnet der Auftraggeber gemäß § 1 Abs. 4 VOB/B die Ausführung von Zusatzleistungen an, so ergibt sich der Vergütungsanspruch aus § 2 Abs. 6 VOB/B.[54]

Weil sich die Anspruchsvoraussetzungen der **modifizierten Leistungen** unterscheiden, muss zwischen

a) **geänderten Leistungen** nach § 2 Abs. 5 VOB/B und

b) **zusätzlichen Leistungen** nach § 2 Abs. 6 VOB/B

unterschieden werden.

zu a) Geänderte Leistungen nach § 2 Abs. 5 VOB/B

Geänderte Leistungen sind bereits im Vertrag vorgesehene Leistungen, die nunmehr anders ausgeführt werden sollen.

Beispiel

Statt der beauftragten weißen Fliesen sollen nun braune Fliesen ausgeführt werden.

Zu b) Zusätzliche Leistungen nach § 2 Abs. 6 VOB/B

Zusätzliche Leistungen sind Leistungen, die bislang im Vertrag nicht vorgesehen waren, die aber dennoch erforderlich sind.

Beispiel

In der Ausschreibung der Malerarbeiten wurde die ölfeste Beschichtung der Fahrstuhlunterfahrt vergessen. Die Arbeiten werden später als zusätzliche Leistungen vom Auftragnehmer erbracht.

---

54   Vgl. Langen/Schiffers, Rn. 2189.

7.4.1 Besonderheit bei zusätzlicher Leistung

Voraussetzung für eine zusätzliche Vergütung ist die Ankündigung des Auftragnehmers nach § 2 Abs. 6 VOB/B. Kündigt der Auftragnehmer also den Anspruch auf Mehrvergütung nicht an, so erhält er grundsätzlich überhaupt keine Vergütung für die Zusatzleistung.[55]

Als Mitteilung an den Auftraggeber genügt die bloße Ankündigung das zusätzliche Vergütung verlangt wird. Der Auftragnehmer muss zunächst keine Aussage über die Höhe des zusätzlichen Vergütungsanspruchs machen.

Hintergrund ist, dass Auftraggeber die finanziellen Auswirkungen ihrer Anordnungen oftmals nicht überblicken und durch den Hinweis des Auftragnehmers gewarnt werden sollen.

Der Auftraggeber sollte einen Vergütungsanspruch wegen des Fehlens der Mehrkostenankündigung durch den Auftragnehmer jedoch keinesfalls ablehnen. Es existieren zahlreiche Fälle, in denen den Auftragnehmern der **Vergütungsanspruch auch bei Fehlen der Mehrkostenankündigung** zugestanden wurde.

7.4.2 Berechnungsmethodik

Die Vergütungsansprüche des Auftragnehmers aus modifizierten Leistungen sind auf Basis der Grundlagen der Preisermittlung zu ermitteln: Der Auftragskalkulation. **Die Berechnungsmethodik ist für geänderte und zusätzliche Leistungen gleich.**

In der Praxis ist die Fortschreibung der Kalkulation in der Regel schwierig, weil die Vergütung von modifizierten Leistungen auf Basis der bisherigen Kalkulationsansätze nicht ermittelt werden kann, weil hierfür keine Kalkulationsansätze in der Auftragskalkulation enthalten sind.

> **Beispiel**
> Anstatt des ausgeschriebenen Linoleums zu einem Einheitspreis von 40,25 EUR/m² soll nun ein Teppichboden mittlerer Art und Güte ausgeführt werden. Die Auftragskalkulation enthält keine Kalkulationsansätze für Teppichböden.
>
> Welcher Preis ist angemessen?

Um dieses Problem zu lösen, bestimmt der Bauleiter zunächst das so genannte **Vertragspreisniveau** des Auftrags. Darunter wird die Höhe der Vertragspreise in Bezug auf durchschnittliche Vertragspreise verstanden. **Die Ortsüblichkeit der Preise spielt keine Rolle.**

---

55   Vgl. Kapellmann/Langen, Rn. 50.

Zur Bestimmung des Vertragspreisniveaus wird zunächst eine der modifizierten Leistung möglichst ähnliche Vertragsleistung, die sogenannte **Bezugleistung**, aus dem Leistungsverzeichnis festgelegt.

Sodann sind objektive Bewertungsansätze für diese Bezugsleistung aus allgemein zugänglichen Ermittlungssystemen (z.B. BKI-Tabellen) zu ermitteln.[56]

> **Beispiel**
>
> Der ausgeschriebene Linoleum wird mit einem Durchschnittspreis von 55,24 EUR/m² im Bezugssystem aufgeführt.

Aus dem vertraglichen Einheitspreis und dem Bewertungsansatz des Bezugssystems kann das Vertragspreisniveau als Faktor f berechnet werden.

> **Beispiel**
>
> Der Vertragspreisniveaufaktor f des Linoleum beträgt:
>
> 40,25 EUR/m² (Vertragspreis) : 55,24 EUR/m² (Bezugssystem) = 0,73

Dieser Faktor sagt aus, auf welchem Niveau sich die Vertragspreise in Bezug auf das Bezugssystem bewegen.

Sodann werden die Kostenkennwerte für die neue Leistung aus dem gleichen Bezugssystem entnommen.

> **Beispiel**
>
> Der nunmehr geforderte Teppichboden wird mit einem Durchschnittspreis von 39,35 EUR/m² im Bezugssystem aufgeführt.

Zur Ermittlung des Preises der modifizierten Leistung wird der Bewertungsansatz des Bezugssystems mit Hilfe des Vertragspreisniveaufaktors f durch Multiplikation an das Vertragspreisniveau angepasst. Der daraus resultierende neue Einheitspreis ist der zu vergütende Einheitspreis für die entsprechende Ordnungszahl.

> **Beispiel**
>
> Der Preis des Teppichboden auf Vertragspreisniveau beträgt 39,35 EUR/m² (Bezugssystem) x 0,73 (Vertragspreisniveaufaktor).
>
> Es ergibt sich ein Einheitspreis von 28,73 EUR/m².

Im Sonderfall, dass der Preis der modifizierten Leistung aus den kalkulatorischen Ansätzen der Angebotskalkulation ermittelt werden kann, ist die Fortschreibung der Kalkulation der Vergleichsrechnung vorzuziehen. Sofern in der Auftragskalkulation Zuschläge enthalten sind, ist die Beaufschlagung der Preise für modifizierte Leistungen entsprechend durchzuführen.

---

56 Vgl. Langen/Schiffers, Rn. 2219.

Praxishinweis

In der Praxis werden von den Auftragnehmern regelmäßig „neue" Kalkulationen für modifizierte Leistungen vorgelegt, die schlüssig zu einem Einheitspreis führen. Hintergrund ist, dass viele Auftragnehmer glauben, sie könnten die Preise von modifizierten Leistungen frei kalkulieren.

Derartige Aufstellungen sind für den Auftraggeber nur nachvollziehbar, wenn die Kalkulation der modifizierten Leistungen mit den gleichen Ansätzen erfolgt, wie in der Auftragskalkulation enthalten.

Andernfalls ist die Kalkulation willkürlich und entspricht nicht dem Gedanken, dass modifizierte Leistungen das gleiche Preisniveau haben sollen wie die Vertragsleistungen.

Der Auftraggeber wird daher bei Nachtragsansprüchen aus modifizierten Leistungen zunächst prüfen, ob es sich um die Fortschreibung der Auftragskalkulation oder um eine neu aufgestellte Kalkulation handelt, die keinen Bezug zur Auftragskalkulation hat. Ist Letzteres der Fall kann der Auftraggeber mit Hilfe der oben vorgestellten Vergleichsrechnung schnell und einfach prüfen, ob die Ansprüche der Höhe nach berechtigt sind.

7.5 Ansprüche nach § 6 VOB/B

7.5.1 Grundsätzliches

Eine Behinderung im Sinne von § 6 VOB/B liegt dann vor, wenn der vertraglich vorgesehene Bauablauf von Ereignissen gehemmt oder verzögert wird und dieser Umstand von der anderen Vertragspartei zu vertreten ist.

Eine Behinderung führt nicht immer zwingend zu terminlichen Auswirkungen auf den Bauablauf, sondern kann auch nur finanzielle Ansprüche nach sich ziehen.

In Fall von Anordnungen durch den Auftraggeber können Behinderungen auch Vergütungsansprüche nach § 2 Abs. 5 VOB/B auslösen. In einem solchen Fall hat der Auftragnehmer nach einer auftraggeberseitigen Anordnung das Wahlrecht, ob er einen Vergütungsanspruch nach § 2 Abs. 5 VOB/B oder einen Schadensersatzanspruch nach § 6 Abs. 6 VOB/B geltend macht.

Anspruchsvoraussetzung ist eine schriftliche Behinderungsanzeige des Auftragnehmers. Diese ist nur dann entbehrlich, wenn dem Auftraggeber offenkundig die Behinderung und deren hemmende Wirkung bekannt waren.[57]

Ansprüche auf Schadensersatz scheitern oftmals bereits dem Grunde nach, weil Behinderungsanzeigen gar nicht oder nur unzureichend erfolgen.

---

57   Vgl. § 6 Nr. 1 VOB/B.

7.5.2 Schadensersatz

Neben den noch zu besprechenden Ansprüchen auf Terminverlängerung hat ein behinderter Auftragnehmer nach § 6 Abs. 6 VOB/B Anspruch auf Schadensersatz.

Schadensersatz ist die Differenz zwischen

- dem hypothetischen Vermögen des Auftragnehmers im unbehinderten Zustand und
- dem tatsächlichen Vermögen des Auftragnehmers im behinderten Zustand.

Im Gegensatz zur Vergütung hat der Auftragnehmer dabei grundsätzlich keinen Anspruch auf (zusätzliche) Deckungsanteile, weil der Schadenersatz nicht auf Grundlage der Kalkulation berechnet wird, sondern auf Grundlage der tatsächlich entstandenen Kosten.

> **Beispiel**
>
> Ein Auftragnehmer mietet einen Kran für 2.500,- EUR pro Monat an. Im Leistungsverzeichnis ist für das Vorhalten des Krans eine Position enthalten, für die eine Vergütung von 4.000,- EUR pro Monat vereinbart ist.
>
> Falls der Auftragnehmer den Kran einen Monat länger vorhalten muss, beträgt sein Schaden 2.500,- EUR.

An dieser Stelle kann es nur um das Verständnis der Zusammenhänge gehen, mit dem der Auftraggeber die von den Auftragnehmern vorgetragenen Ansprüche prüfen kann. In der Praxis ist die Berechnung von Schadensersatzansprüchen häufig komplexer als es in diesem absichtlich einfach gehaltenen Beispiel der Fall ist.

Der Auftraggeber kann in jedem Fall eine nachvollziehbare Berechnung des Schadens verlangen, die durch entsprechende Dokumente wie Rechnungen über gemietete Baumaschinen oder Belege aus der Lohnbuchhaltung belegt wird. In der Praxis kommt es immer wieder vor, dass im Falle einer Behinderung eine auf den ersten Blick plausibel erscheinende Berechnung vorgelegt wird, die Belege aber fehlen.

7.5.3 Ansprüche aus sonstigen Anordnungen des Auftraggebers nach § 2 Abs. 5 VOB/B

Sofern sich der Auftragnehmer sonstige Anordnungen des Auftraggebers nach § 2 Abs. 5 VOB/B vergüten lassen möchte, gelten für die Berechnung der Vergütung die gleichen Grundsätze wie für modifizierte Leistungen.

Ob ein Schadensersatzanspruch oder eine Vergütung zu höheren Ansprüchen führen, hängt stets vom Einzelfall ab.

7.6 Ansprüche nach § 8 VOB/B

7.6.1 Grundsätzliches

Bei der Kündigung durch den Auftraggeber sind grundsätzlich drei in der Praxis relevante Arten der Kündigung zu unterscheiden. Demnach kann der Auftraggeber

a) den Vertrag jederzeit und ohne Grund nach § 8 Abs. 1 VOB/B kündigen (freie Kündigung),

b) nach § 8 Abs. 3 VOB/B eine Kündigung aus wichtigem Grund aussprechen und

c) im Falle einer Insolvenz des Auftragnehmers nach § 8 Abs. 2 VOB/B kündigen.

Des Weiteren kann der Auftraggeber den Auftragnehmer gemäß § 8 Abs. 4 VOB/B aus Gründen der unzulässigen Wettbewerbsabrede kündigen. Dieser Kündigungsgrund ist in der Praxis allerdings sehr selten anzutreffen, da man Absprachen oftmals nicht oder nur sehr schwer nachweisen kann.

Zu a) freie Kündigung gemäß § 8 Abs. 1 VOB/B

Gemäß § 8 Abs. 1 VOB/B darf der Auftraggeber den Vertrag ohne Grund kündigen. Die Anspruchsfolgen werden noch besprochen.

Zu b) Kündigung aus wichtigem Grund gemäß § 8 Abs. 3 VOB/B

Eine Kündigung aus wichtigem Grund gemäß § 8 Abs. 3 VOB/B kann ausgesprochen werden, wenn

- der Auftragnehmer eine Aufforderung nach § 5 Abs. 4 VOB/B fruchtlos verstreichen lässt,

- der Auftraggeber Nachunternehmer ohne Zustimmung des Auftraggeber einsetzt, obschon er die Leistung auch im eigenen Betrieb erbringen könnte und er auch auf Nachfristsetzung die Arbeiten im eigenen Betrieb nicht aufnimmt oder

- wenn der Auftragnehmer Mängel, die während der Ausführung aufgetreten sind, trotz Nachfristsetzung nicht beseitigt.

Kalkulations-bestandteile	Vertrag	Kündigung Vergütungsanspruch aus § 8 Nr. 1	
WuG	20.000	20.000	nicht ersparbar
AGK	10.000	10.000	nicht ersparbar
BGK	20.000		ggf. ersparbar
EKT	100.000		in der Regel ersparbar
Summe	150.000	30.000	

Abbildung 52: Berechnung der Ansprüche bei freier Kündigung

Zu c) Insolvenz des Auftraggebers gemäß § 8 Abs. 2 VOB/B

Gemäß § 8 Abs. 2 VOB/B darf der Auftraggeber den Vertrag kündigen,

- wenn der Auftragnehmer seine Zahlungen einstellt,
- das Insolvenzverfahren bzw. ein vergleichbares gesetzliches Verfahren beantragt,
- ein solches Verfahren eröffnet oder
- dessen Eröffnung mangels Masse abgelehnt wird.

Dieser Fall tritt in der Praxis eher selten auf.

7.6.2 Freie Kündigung nach § 8 Abs. 1 VOB/B

Dem Auftragnehmer steht im Fall der freien Kündigung die gesamte verein-barte Vergütung abzüglich der ersparten Kosten zu.

In der Regel sind die direkten Kosten (EKT) ersparbar, die Ersparbarkeit der BGK hängt vom Einzelfall ab.

Der Auftragnehmer muss seine, aufgrund der Nichtausführung der Leistung ersparten Kosten auf Grundlage der Angebotskalkulation nachvollziehbar be-rechnen und offen legen. Sofern der Auftragnehmer die Ersparbarkeit der EKT in Abrede stellt, muss er nachvollziehbar belegen, warum eine Erspar-barkeit nicht gegeben ist.

Kalkulations-bestandteile	Vertrag	Abrechnung der bereits erbrachten Leistung	Abrechnung der nicht erbrachten Leistung	Schadens-ersatz
		50%		Mehrkosten aus Beauftra-gung eines Dritten
WuG	20.000	10.000		
AGK	10.000	5.000		
BGK	20.000	10.000	Kein Anspruch auf Vergütung	vereinbarte Vergütung von A: 75.000 €
EKT	100.000	50.000		vereinbarte Vergütung von B: 80.000 €
Summe	150.000	75.000	0	5.000 €

Abbildung 53: Berechnung der Ansprüche bei Kündigung aus wichtigem Grund

Die Abrechnung erfolgt zweigeteilt. Zunächst werden die beauftragten und bis zur Kündigung erbrachten Leistungen nach den Vertragspreisen abgerechnet (vgl. Abb. 52).

Im zweiten Schritt erfolgt die Abrechnung der aufgrund der Kündigung nicht mehr erbrachten Leistungen, in dem die Leistungen vollständig abgerechnet werden und die ersparten Kosten hiervon abgezogen werden. Der Anspruch entspricht in der Praxis regelmäßig den Deckungsbeiträge für Wagnis und Gewinn, allgemeine Geschäftskosten und etwaigen Baustellengemeinkosten.

7.6.3 Kündigung aus wichtigem Grund nach § 8 Abs. 3 VOB/B

Im Falle der auftraggeberseitigen Kündigung aus wichtigem Grund ergibt sich der Vergütungsanspruch des Auftragnehmers aus § 8 Abs. 2 Nr. 2 VOB/B. Hiernach steht dem Auftragnehmer für die bereits erbrachte Leistung die Vergütung mit den vereinbarten Einheitspreise zu. Für die nicht erbrachten Leistungen hat der Auftragnehmer keinen Anspruch auf Vergütung (vgl. Abb. 53)

149

Falls der Auftragnehmer einen Anspruch auf die Deckungsbeiträge der gekündigten Leistung hätte, würde jeder Auftragnehmer nach der Vertragsunterschrift vorsätzlich die Kündigung provozieren und für die zu erbringenden Leistung die Deckungsbeiträge vergütet bekommen. Daher besteht auch kein Anspruch auf Vergütung.

Vielmehr **stehen dem Auftraggeber** im Falle einer Kündigung aus wichtigem Grund Schadensersatzansprüche gegen den Auftragnehmer zu. Diese bestehen in Mehrkosten,

- die durch die Beauftragung eines Dritten oder
- durch Terminverzögerung

entstehen können. Weitere Fälle sind in der Praxis denkbar.

Beispiel

Die Auftragssumme der Trockenbauarbeiten beträgt 150.000 EUR. Nachdem der Trockenbauer 50 v.H. der Leistung erbracht hat, kündigt der Auftraggeber aus wichtigen Gründen den Vertrag.

Der vom Auftraggeber neu beauftragte Unternehmer B verlangt für die Vollendung der Arbeiten 80.000 EUR.

Der Auftragnehmer erhält für die bereits erbrachte Leistung eine Vergütung von 75.000,- EUR. Für die nicht erbrachten Leistungen hat er keinen Anspruch. Von dieser Summe werden die Mehrkosten des Dritten gegenüber dem gekündigten Trockenbauer in Höhe von 5.000,- EUR abgezogen.

Es verbleibt ein Anspruch des Auftragnehmers in Höhe von 70.000, -EUR.

E Örtliche Bauleitung

1 Koordination der Baustelle

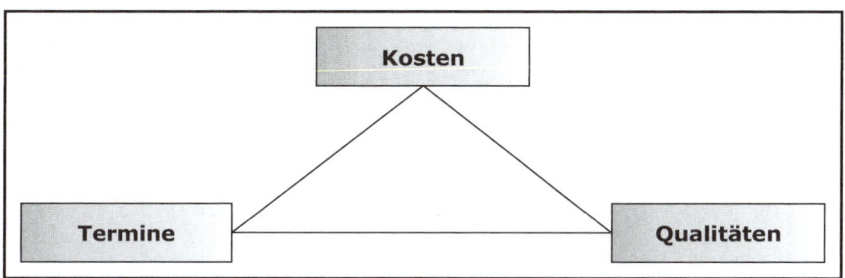

Abbildung 54: Magisches Dreieck – Kosten, Termine, Qualitäten

Eine unverzichtbare Grundlage für eine vorausschauende Bauleitung und zur Vermeidung des Auflaufens von Problemen, ist eine brauchbare und objektive **Dokumentation der Sachlage**. Erst auf deren Basis kann die Situation systematisch analysiert, Abweichungen festgestellt und ggf. steuernd eingegriffen werden.

Im Folgenden werden die üblichen Dokumentationsformen erläutert und es wird erklärt, wann und wofür die jeweilige Dokumentation wichtig ist.

Im Rahmen der Bauüberwachung muss permanent die Einhaltung der Kosten, Termine und Qualitäten überprüft und ggf. steuernd eingegriffen werden (vgl. Abb. 54).

Dabei wirkt sich eine Veränderung einer der drei Größen zumeist auch störend auf die beiden übrigen aus.

1.1 Sauberkeit

1.1.1 Schutz von Bauelementen

In der Bauausführung sind bereits erstellte Bauelemente durch geeignete Maßnahmen zu schützen. Schutzmaßnahmen können

- Absperrmaßnahmen,
- Abdeckungen oder
- Schutz vor Witterungseinflüssen

sein.

	Bauzeitverlängerung	Vergütungsanpassung gem.	§ 2 Abs. 3 VOB/B	§ 2 Abs. 4 VOB/B	§ 2 Abs. 5 VOB/B	§ 2 Abs. 6 VOB/B	§ 2 Abs. 8 VOB/B	Entschädigung gem.	§ 642 BGB	Schadenersatz gem.	§ 6 Abs. 6 VOB/B	kein Anspruch
Risikobereich des Auftraggebers												
Mengenabweichung	■	■	■									
Leistungsmodifikation	■	■		■	■	■	■					
unzureichende Mitwirkung	■	■						■	■	■	■	
Risikobereich des Auftragnehmers												
Organisationsmängel												■
unzureichende Kapazitäten												■
Ausführungsfehler												■
von keiner Vertragspartei zu vertreten												
Streik/ Aussperrung	■											
höhere Gewalt	■											
schlechte Witterungsverhältnisse	■											

Abbildung 55: Ursachen und Anspruchsfolgen von Störungen des Bauablaufs

Die jeweiligen Fachnormen der VOB/B sehen diese **Schutzmaßnahmen regelmäßig als Nebenleistungen** vor, die nicht gesondert zu vergüten sind. Um Kosten zu sparen, unterlassen Auftragnehmer in einzelnen Fällen diese Schutzmaßnahmen, die dazu dienen, die Leistungen der übrigen Auftragnehmer vor Beschädigungen zu bewahren.

Der Bauleiter wird daher vor dem Beginn der Arbeiten einer Vergabeeinheit die **Nebenleistungen der entsprechenden Fachnormen** dahingehend untersuchen, welche Schutzmaßnahmen vorgesehen sind und diese von sich aus gegenüber der Bauleitung des Auftragnehmers ansprechen und verlangen.

Beispiel

Bei Malerarbeiten sind Maßnahmen zum Schutz von Bauteilen durch loses Abdecken, Abhängen oder Umwickeln einschließlich anschließender Beseitigung der Schutzmaßnahmen nach DIN 18363, Punkt 4.1.2 Nebenleistungen.

1.1.2 Sauberkeit

Die Praxis zeigt, dass Sauberkeit auf Baustellen ein Thema ist. Leider ist das Verständnis für einen eigenen sauberen Arbeitsplatz bei einigen Bauarbeitern nicht so stark ausgeprägt, dass die Entsorgung von Abfällen ohne Eingriff des auftraggeberseitigen Bauleiters funktioniert.

Hier zahlt es sich aus, wenn **in einem Bauabschnitt stets nur ein Auftragnehmer** tätig ist. So kann der Bauabschnitt vor Beginn und nach Beendigung der Arbeiten gemeinsam begangen und der Zustand dokumentiert werden.

Wird der Bauabschnitt nicht ordnungsgemäß verlassen, ist der Verursacher klar und unverzüglich zur Beseitigung seiner Abfälle aufzufordern.

1.2 Behinderungen

Unter **Behinderungen** werden Störungen verstanden, die einen der Auftragnehmer bei der Ausführung seiner erbringenden Leistungen stören. Aus der Behinderung des Auftragnehmers können Ansprüche auf Verlängerung der Ausführungsfrist und/oder Schadensersatzansprüche resultieren.

Eine Übersicht von Ursachen und Ansprüchen findet sich in Abb. 55.

1.2.1 Behinderungsanzeige

Bei Behinderungen der Ausführung ist der Auftragnehmer gemäß § 6 Abs. 1 Nr. 1 VOB/B dazu verpflichtet, diese unverzüglich schriftlich anzuzeigen. Auf eine **Behinderungsanzeige** kann nur verzichtet werden, wenn die Tatsache und Wirkung der Behinderung offenkundig und unstreitig ist.[58] Wird die Behinderungsanzeige verspätet oder gar nicht eingereicht, stellt dies eine Vertragsverletzung dar und führt zu Schadensersatzansprüchen gegenüber dem Auftragnehmer.

Die Behinderungsanzeige hat eine **Warnfunktion** für den Auftraggeber und damit für den Bauleiter. Sie muss alle behindernden Tatsachen mit hinreichender Klarheit enthalten.

Der Auftraggeber muss darüber informiert werden, dass möglicherweise Mehrkosten aus Schadensersatz und Terminverzüge auf ihn zukommen. Durch eine Behinderungsanzeige informiert, kann die Bauleitung Maßnahmen ergreifen, um die Schäden abzuwenden oder zu minimieren.

Eine rechtzeitige und aussagekräftige Behinderungsanzeige erlaubt es dem Bauleiter darüber hinaus, den Talbestand zu dokumentieren.

---

58 Vgl. Langen/Schiffers, Rn. 1367.

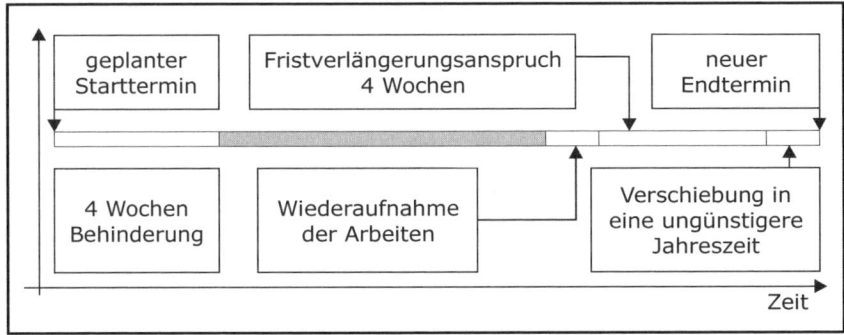

Abbildung 56: Schematische Darstellung der Ermittlung einer Fristverlängerung

1.2.2 Umgang mit Behinderungsanzeigen

1.2.2.1 Prüfen der Behinderung

Jede Behinderungsanzeige ist durch den Bauleiter sorgfältig auf ihren Wahrheitsgehalt hin zu untersuchen und der Sachverhalt geeignet (z.B. durch Fotos) zu dokumentieren.

Einige Auftragnehmer neigen in der Annahme, dann jedenfalls rechtlich abgesichert zu sein, zu prophylaktischen Behinderungsanzeigen ohne jede Grundlage.

Selbstverständlich entfaltet sich die Wirkung dieser Behinderungsanzeigen nicht, wenn die Behinderung objektiv nicht besteht. Im Falle eines Rechtsstreites ist aber gerade in diesen Fällen die Dokumentation der nicht vorhandenen Behinderung entscheidend.

1.2.2.2 Abstellen der Behinderung

Sofern ein Behinderungssachverhalt vorliegt, ist dieser schnellstmöglich abzustellen, um weiteren Schaden zu vermeiden. Von der Beseitigung der Behinderung wird der betroffene Auftragnehmer unverzüglich schriftlich informiert.

1.2.2.3 Fristverlängerungen

Liegen Störungen vor, die eine Modifikation des Terminplans erfordern, so hat diese Modifikation **auf Basis des produktionsorientierten Terminplans** zu erfolgen, weil nur in diesem Auswirkungen auf den Bauprozess nachvollzogen werden können.

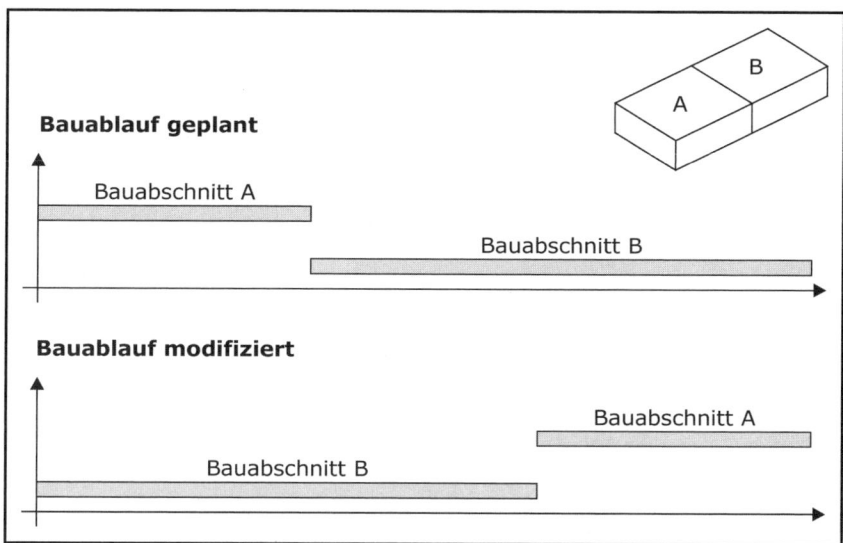

Abbildung 57: Schadenminderungspflicht des Auftragnehmers

Projektorientierte Terminpläne sind in der Regel für die Ermittlung der Auswirkungen von Störungen **unbrauchbar**, werden von Auftragnehmern aber gerne als Beleg angeführt. Hier sollte der Auftraggeber auf einen schlüssigen produktionsorientierten Terminplan als Basis für die Modifikation bestehen.

Bei der Berechnung etwaiger Fristverlängerungen sind nach § 6 Abs. 4 VOB/B

• die Dauer der Behinderung bzw. Unterbrechung,

• ein Zuschlag für die Wiederaufnahme der Arbeiten und

• ein Zuschlag für die etwaige Verschiebung in eine ungünstigere Jahreszeit

zu berücksichtigen (vgl. Abb. 56).

Die Fortschreibung erfolgt dabei nicht mechanistisch, sondern hat auch zu berücksichtigen, ob es Ausweichmöglichkeiten für den Auftragnehmer gibt und ob der entsprechende Vorgang sich überhaupt auf den Endtermin auswirkt. In den wenigsten Fällen hat eine vierwöchige Behinderung auch eine vierwöchige Bauzeitverlängerung zur Folge.

Bezeichnung Bauvorhaben	**Datum**
Witterung	
Vorgänge/Tätigkeiten	Anzahl der Arbeitskräfte nach Qualifikation
Zusätzliche Arbeiten	
Materiallieferungen	Planlieferungen
Anweisungen und Anordnungen	Anwesenheit Fachleute
Besondere Vorkommnisse	
Auftragnehmer	**Auftraggeber**

Abbildung 58: Bautagesbericht

Anforderungen des § 6 Abs. 3 VOB/B

Nach § 6 Abs. 3 VOB/B hat der Auftragnehmer alles ihm Zumutbare zu tun, um die Fortführung der Arbeiten zu ermöglichen. Damit sind Maßnahmen gemeint, die **für den Auftragnehmer kostenneutral** sind und die eine Weiterführung der Arbeiten ermöglichen.

Die Modifikation des Terminplans sollte diese Grundsätze berücksichtigen.

Beispiel

Ein Unternehmer kann nicht darauf bestehen, mit den Arbeiten in Bauabschnitt A zu beginnen, wenn er kostenneutral auch in Bauabschnitt B starten kann und damit eine Behinderung vermieden wird (Vgl. Abb. 57).

Prüfung an Hand des modifizierten Terminplans

Sofern der Terminplan behinderungsbedingt modifiziert wurde, sind die Ist-Termine den Soll-Terminen des modifizierten Terminplans gegenüber zu stellen.

Stellt der auftraggeberseitige Bauleiter fest, dass die Ist-Dauer länger ist als die bereits behinderungsbedingt modifizierte Soll-Dauer, so kann er davon ausgehen, dass zusätzlich zu den auftraggeberseitig zu vertretenden Behinderungsgründen auftragnehmerseitig zu vertretende Gründe für die Fristüberschreitung vorliegen. Diesen über die modifizierte Dauer hinausgehenden Anteil muss sich der Auftragnehmer als Eigenanteil anrechnen lassen.[59]

1.2.2.4 Schadensersatzansprüche

Sofern ein Auftragnehmer behindert wurde, stehen ihm Schadensersatzansprüche aus § 6 Abs. 6 VOB/B zu, die noch ausführlich besprochen werden.

2 Bautagesbericht und Bautagebuch

In der Praxis kommen zwei verschiedene Arten von Berichten zum Einsatz.

Der **Bautagesbericht** wird vom Auftragnehmer erstellt und an den Auftraggeber zur Kenntnis weitergeleitet. Der Bautagesbericht wird unter E.2.1 ausführlich besprochen.

Das **Bautagebuch** wird vom auftraggeberseitigen Bauleiter geführt und dient diesem zur eigenen Dokumentation der Ereignisse; es wird unter E.2.2 näher erläutert.

2.1 Bautagesbericht der Auftragnehmer

Auftragnehmerseitige Bauleiter führen Bautagesberichte in denen sie die nachfolgend aufgeführten Aspekte dokumentieren (vgl. Abb. 58).

Nach dem Ausfüllen legt der Bauleiter des Auftragnehmers den Bautagesbericht zur Ergänzung und Gegenzeichnung vor. Dabei geht es um die **objektive Dokumentation des Sachverhalts**.

Im Folgenden werden die wesentlichen Inhalte aus Sicht des auftraggeberseitigen Bauleiters vorgestellt.

Hinweis

In jedem Fall erhält der auftraggeberseitige Bauleiter nach Unterschrift eine Durchschrift des Bautagesberichtes.

---

59 Ausführlich: Kapellmann/ Schiffers, Rn. 1269.

Witterung

Streitfragen in Bezug auf die Witterung, die zu einem bestimmten Zeitpunkt auf einer Baustelle aufgetreten ist, können heutzutage durch eine lückenlose Dokumentation verschiedener Organisationen geschlichtet werden.[60]

Das Wetter sollte jedoch deshalb objektiv dokumentiert werden, um im Fall eines späteren Nachschlagens keine längere Recherche durchführen zu müssen.

Anzahl der Arbeitskräfte nach Qualifikation

Die Dokumentation der Arbeitskräfte und Baugeräte ist beispielsweise bei Streitigkeiten über Behinderungen von Belang, in denen es um Intensitätsabfälle geht. Beide Seiten sind gut beraten, die Angaben objektiv zu dokumentieren.

Vorgänge/ Tätigkeiten

Zu Vorgängen des Tages werden neben der Beschreibung der Tätigkeit

- die Anzahl der auf der Baustelle tätigen Arbeitskräfte,
- der Bauabschnitt und
- ggf. Bemerkungen

festgehalten.

Bei späteren Streitigkeiten kann auf dieser Basis der Ist-Terminplan der Baustelle nachträglich rekonstruiert und etwaige Behinderungssachverhalte objektiviert werden.

Beispiel:

Der Auftragnehmer behauptet, er wäre vor zwei Wochen in Bauabschnitt D behindert gewesen. Der Sachverhalt ist unstrittig. Die Behinderung wurde vor einer Woche abgestellt.

Die Bautagesberichte der vergangenen Woche aber weisen aus, dass der Vorgang, der behindert gewesen ist, bis heute nicht begonnen wurde.

---

60 Dokumentiert z.B. auf http://www.wetterzentrale.de.

Zusätzliche Arbeiten

Werden vertraglich nicht vereinbarte Arbeiten auf der Baustelle erbracht, so werden diese entsprechend dokumentiert. Art und Umfang sollten zusätzlich zu etwaigen Stundenzetteln des Auftragnehmers dokumentiert werden, da je nach Vertrag beträchtliche Kosten entstehen können.

In Streitfällen kann später geprüft werden, ob es sich tatsächlich um zusätzliche Arbeiten gehandelt hat.

Materiallieferungen

Materiallieferungen werden u.a. dokumentiert, um beispielsweise bei Behinderungssachverhalten feststellen zu können, ob ein Auftragnehmer überhaupt hätte arbeiten können.

Planlieferungen

Im Bauablauf kommt es nicht nur zu einmaligen Planlieferungen, sondern es werden permanent die jeweils benötigten Pläne übergeben. Weil unterbliebene oder nicht rechtzeitige Planlieferungen den Auftragnehmer in der Ausführung behindern können, ist eine geeignete Dokumentation auf Seiten des Auftraggebers notwendig, die in der Regel in den entsprechenden Anschreiben zur Planlieferung besteht (vgl. A.4.1).

Sofern Pläne ohne Anschreiben übergeben werden, ist um so mehr darauf zu achten, dass deren Zugang im Bautagebuch festgehalten wird.

Anweisungen und Anordnungen

Besonders im Hinblick auf Anordnungen der auftraggeberseitigen Bauleitung ist eine lückenlose und exakte Dokumentation notwendig, um bei späteren Streitigkeiten über die Ausführung feststellen zu können, ob diese den Anordnungen entsprochen hat.

Missverständnisse kommen immer wieder vor und bergen gerade bei mündlichen Anordnungen Konfliktpotenzial.

Anwesenheit Fachleute

Im Zuge der Bauausführung sind zusätzlich zum auftraggeberseitigen Bauleiter die einzelnen Fachbauleiter, die jeweiligen Mitarbeiter der Behörden, Berufsgenossenschaften oder des Amtes für Arbeitsschutz etc. temporär anwesend.

Werden seitens der Fachleute aber auch seitens des Auftraggebers Anweisungen getroffen, sind diese zum eigenen Schutz ebenfalls genau zu dokumentieren.

Datum	Witterung	AN	Bauelement	BA	AK	Bemerkung
01.05.08	Trocken 20 °C	Müller	Decken Innenanstrich	A	3	
			Wände Innenanstrich	B	5	
		Schmitz	Teppichboden	C	3	
			PVC-Boden	C	2	Teeküche
02.05.08	Bedeckt 19 °C	Müller	Decken Innenanstrich	A	3	

Abbildung 59: Bautagesbericht des auftraggeberseitigen Bauleiters

Besondere Vorkommnisse

Besondere Vorkommnisse können beispielsweise aus Behinderungen oder Unfällen bestehen.

Sofern Behinderungstatbestände eingetragen werden, kommt dies einer Behinderungsanzeige gleich, sofern der Bautagesbericht dem Auftraggeber unverzüglich übermittelt wird.[61] In diesen Fällen kann der Auftraggeber sich nachher nicht darauf berufen, es habe keine Behinderungsanzeige als solche vorgelegen.

> **Hinweis**
>
> Die Eintragung einer Behinderung in den Bautagesbericht kommt einer Behinderungsanzeige gleich.

2.2 Eigenes Bautagebuch

Das Führen eines **Bautagebuchs** ist gemäß Anlage 11 zur HOAI Grundleistung der Leistungsphase 8 und somit ein gängiges Mittel zur Dokumentation des Bauablaufs. Da die HOAI keine Form fest vorgibt, kann das Bautagebuch grundsätzlich vom auftraggeberseitigen Bauleiter selbst erstellt und gestaltet werden.[62]

---

61 Vgl. Kapellmann/Schiffers, Band 1, Rn. 1235.
62 Vgl. Rybicki, S.73.

In das Bautagebuch sind alle maßgeblichen Ereignisse und Umstände der Ausführung wie

- Datum,
- Witterungsverhältnisse,
- ausführendes Unternehmen,
- Bauelement(e),
- Bauabschnitt,
- die Anzahl der Arbeitskräfte und
- Bemerkungen, z.B. Behinderungen,

aufzunehmen (Vgl. Abb. 59).

Die Dokumentation im Bautagebuch ist bei der Ermittlung von Auswirkungen von Behinderungen von Belang, wenn im Nachhinein nachvollzogen werden soll, ob beispielsweise Intensitätsabfälle vorgelegen haben. Ebenso kann geprüft werden, wie sich Behinderungen auf den Arbeitsprozess des Auftragnehmers ausgewirkt haben.

Mit Hilfe eines lückenlos geführten Bautagebuchs kann der Auftraggeber solche Situationen klären und unberechtigte auftragnehmerseitige Forderungen auch nachträglich abwehren.

3 Die Baubesprechung im Bauablauf

3.1 Allgemeines

Die regelmäßige Zusammenkunft der einzelnen Beteiligten in Form einer **Baubesprechung** nimmt eine zentrale Stellung im Bauablauf ein.

Sie dient dazu, Probleme der Ausführung und der Koordination zwischen den Beteiligten anzusprechen und zu klären, um zukünftige Konflikte zu verhindern. Zu Beginn der Ausführung wird durch den auftraggeberseitigen Bauleiter zu einer ersten Baubesprechung, oft auch als Kick-off Meeting bezeichnet, eingeladen.[63]

Im weiteren Bauablauf werden die Baubesprechungen in der Regel wöchentlich abgehalten, was aber von Bauvorhaben zu Bauvorhaben variieren kann. Diese regelmäßig stattfindenden Besprechungen finden an einem festen Tag in der Woche zur gleichen Zeit und am gleichen Ort statt.

Weil im Vorfeld kein idealer Tag für die wöchentliche Baubesprechung festgelegt werden kann, einigt der Bauleiter sich gemeinsam mit den Teilnehmern auf einen optimalen Termin für alle Beteiligten.

---

63 Vgl. Bauch/Helbig, S. 11.

Terminplan	Vorwoche					aktuelle Woche					Folgewoche				
	M	D	M	D	F	M	D	M	D	F	M	D	M	D	F
Auftragnehmer A															
Auftragnehmer B															
Auftragnehmer C															
Auftragnehmer D															

Abbildung 60: Anwesenheit von Auftragnehmern bei der Baubesprechung

3.2 Teilnehmer

Die Rolle des Leiters der Baubesprechung übernimmt der auftraggeberseitige Bauleiter. Die anderen Teilnehmer sind vom Bauleiter je nach Erfordernis einzuladen. Einen ersten Anhaltspunkt liefert hier der Terminplan, aus dem ersichtlich ist, welche Auftragnehmer wann auf der Baustelle anwesend sein werden (vgl. Abb. 60).

Je nach Art der Leistung eines Auftragnehmers kann es erforderlich sein, diesen schon in der Vorwoche oder noch früher zu den Besprechungen hinzuzuziehen, weil Abhängigkeiten zu anderen Auftragnehmern bestehen. Folgerichtig muss man als Bauleiter in der Lage sein, die Leistungen der einzelnen Auftragnehmer richtig einschätzen zu können, um daraus die Notwendigkeit der Teilnahme abzuleiten.

> **Hinweis**
>
> Die Teilnahme der Auftragnehmer an den für sie relevanten Baubesprechungen sollte im Vorfeld vertraglich vereinbart werden, um diese sicherzustellen.

3.3 Inhalt der Baubesprechung

Bereits mit der Einladung zur Baubesprechung werden die in der **Tagesordnung** die festgelegten Punkte aufgeführt, um den Teilnehmern die Möglichkeit zu geben, sich auf die Besprechung geeignet vorzubereiten.

Zunächst werden die Ergebnisse vorangegangener Sitzungen wiedergegeben, bevor neue Punkte besprochen werden.

Die einzelnen Tagesordnungspunkte werden entsprechend kategorisiert und im Verlauf der Besprechung in der Reihenfolge der Tagesordnung behandelt. Durch einen strukturierten Aufbau wird die Besprechungszeit optimiert und das Verständnis der Teilnehmer erleichtert.

OPL - Einzelansicht

Neubau Altenheim XYZ

| Eingabedatum: | 19.11.2007 | erledigt: ☑ |
| Erledigungsdatum: | 24.11.2007 | zuständig: |

☐ **Exakte Lage der Brandmelder in Bauabschnitt B, Raum 452**	**Feuerabend, Dr. Thomas** BauMedia AG
In Bauabschnitt B, Raum 452, ist zu klären, wo die Brandmelder installiert werden sollen.	**Herr Frobisch** Trockenbau GmbH
	Herr Katzenfisch Fachingenieur Elektro
Chronologie	

19.11.2007 Anruf bei Herrn Frobisch. Will sich darum kümmern.

21.11.2007 Erneuter Anruf bei Herrn Frobisch. Sagt eine Klärung bis Montag, 26.11.2007 zu

22.11.2007 Herr Frobisch gibt die Lage durch Zeichnung Nr. 12-14-07a an.

26.11.2007 Weiterleitung der Zeichnung an Herrn Katzenfisch mit Schreiben vom 26.11.2007

Seite 1 von 1   24.11.2007

Abbildung 61: Ansicht eines Datenbankauszuges zum Vorgang "Brandmelder"

Übliche Punkte, die in der Baubesprechung erörtert werden, sind:

* der Leistungsstand der Arbeiten,
* das Vorliegen aller Voraussetzungen für Arbeiten, die kurzfristig begonnen werden sollen und
* die Kontrolle, ob die ausgeführten Leistungen aus Sicht der Auftragnehmer ordnungsgemäß erbracht wurden – was eine persönliche Kontrolle durch den Bauleiter nicht ersetzt.

3.4 Protokollierung und Inhalt

Es wird ein Protokoll erstellt, in dem die Beteiligten und der Inhalt der Besprechung dokumentiert werden. Dieses Protokoll wird an die einzelnen Teilnehmer zeitnah verschickt.

Um den Aufwand und die Kontrolle zu reduzieren, ist es sinnvoll, Datenbanken – alternativ zur konventionellen Protokollierung – zu verwenden. In einer Datenbank kann der Bauleiter den einzelnen Punkten eine Priorität zuweisen und so schnell überblicken, welche Punkte zeitnah geklärt werden müssen (vgl. Abb. 61).[64]

---

64 Eine geeignete Datenbank kann beispielsweise kostenlos auf
http://www.feuerabend.de/bauleitung heruntergeladen werden.

Zudem kann die Informationsdarstellung nach Auftragnehmern oder nach dem Grad der Priorität erfolgen. So können den jeweiligen Auftragnehmern nur die sie betreffenden Punkte ausgedruckt werden, um nicht unnötig für Verwirrung zu sorgen.

Hinweis

In jedem Fall ist es ratsam, die jeweils protokollierten Inhalte bereits während der Sitzung zu verlesen, um Einigkeit über die Formulierung zu erzielen.

Sofern ein handschriftliches Protokoll erstellt wird, ist dieses zum Ende von den Beteiligten abzuzeichnen, um spätere Streitigkeiten über den Inhalt zu vermeiden.

---

4 Qualitätssteuerung

4.1 Grundlagen

In der Baudurchführung ist eine ständige Kontrolle der Qualitäten notwendig. Die Prüfung der Qualitäten erfolgt durch **Vergleich der Ausführung mit den Soll-Vorgaben** (Leistungsbeschreibung und Ausführungspläne).

Eine regelmäßige Kontrolle ist auch deshalb erforderlich, um zu verhindern, dass Mängel verdeckt und damit der Kontrolle entzogen werden.

Je nach Auftragnehmer und Leistungsbereich erfolgt die Kontrolle mehr oder weniger intensiv. Dabei kommt es auf die Fehleranfälligkeit der Arbeiten (Dachdeckungsarbeiten eher als Bodenbelagsarbeiten) und auf die bisherigen Erfahrungen mit dem Auftragnehmer an.

Das Nachbessern mangelhafter Leistungen wirkt sich unweigerlich auf den Terminplan aus, sofern keine Pufferzeiten für die Mängelbeseitigungsdauer eingeplant sind. Für die Bauleitung empfiehlt sich daher, für kritische Vorgänge einen Puffer zur Mängelbeseitigung einzuplanen, um diesem Problem vorzubeugen.

4.1.1 Mangelbegriff nach VOB

Die vom Auftragnehmer geschuldete Qualität ergibt sich aus § 13 Abs. 1 VOB/B, der besagt, dass die Leistung des Auftragnehmers mangelfrei ist, wenn sie

- die vereinbarte Beschaffenheit aufweist und zusätzlich
- den anerkannten Regeln der Technik entspricht.

Liegt keine Beschaffenheitsvereinbarung vor – beispielsweise bei zielorientierten Ausschreibungen – so ist die Leistung frei von Mängeln, wenn sie sich für die im Vertrag vorausgesetzte Verwendung eignet.

Beispiel

Der Auftraggeber schreibt für ein Krankenhaus die Trockenbauwände zielorientiert aus. Es ist klar, dass die Wände den jeweiligen Schallschutzanforderungen entsprechen müssen.

Ist keine Beschaffenheitsvereinbarung vorhanden, so ist zu prüfen, ob sich die Leistung für

- die gewöhnliche Verwendung eignet und
- eine Beschaffenheit aufweist, die bei Werken der gleichen Art üblich ist und die der Auftraggeber nach Art der Leistung erwarten darf.

4.1.2 Anerkannte Regeln der Technik

Unter anerkannten Regeln der Technik werden Regeln verstanden, die in der Wissenschaft als theoretisch richtig erkannt sind und sich praktisch bewährt haben. Zu den anerkannten Regeln der Technik zählen unter anderem:

- DIN-Normen,
- europäische Normen DIN EN, die ins Deutsche übernommen wurden,
- Merkblätter des Zentralverbandes des Deutschen Baugewerbes,
- Richtlinien des Deutschen Ausschusses für Stahlbau DaSt,
- Richtlinien des Deutschen Ausschusses für Stahlbeton DafStb und
- Richtlinien des Verein Deutscher Ingenieure VDI.

Die Auflistung ist nicht abschließend.

Die Nichteinhaltung der anerkannten Regeln der Technik führt automatisch zu einem Mangel, es sei denn, die Abweichung resultiert aus Weisungen des Auftraggebers.

Die anerkannten Regeln der Technik entsprechen nur dem technischen Mindeststandard. So kann es z.B. bei Schallschutzanforderungen notwendig sein, höhere Anforderungen zu erfüllen, als in den anerkannten Regeln der Technik vorgesehen ist, um die Nutzbarkeit zu gewährleisten.[65]

Hat der Auftragnehmer Bedenken in Bezug auf die Einhaltung der anerkannten Regeln der Technik, hat er diese beim Auftraggeber anzumelden.

4.1.3 Maßgenauigkeit

Die Einhaltung vom Maßen – innerhalb gewisser Toleranzen – ist für die mangelfreie Ausführung unabdingbar und gehört ebenso zur festgelegten Qualität. Wenn keine besondere Maßtoleranzen festgelegt sind, gelten die Angaben der DIN 18201 als Vorgabe.

---

65 Vgl. Langen/Schiffers, Rdn.1898.

Bezug	Grenzabmaße in mm bei Nennmaßen in m				
	bis 3	über 3 bis 6	über 6 bis 15	über 15 bis 30	über 30
Maße im Grundriss, z.B. Längen, Breiten, Achs- und Rastermaße	+/- 12	+/- 16	+/- 20	+/- 24	+/- 30
Maße im Aufriss, z.B. Geschosshöhen, Podesthöhen, Abstände von Abstandsflächen und Konsolen	+/- 16	+/- 16	+/- 20	+/- 30	+/- 30
Lichte Maße im Grundriss, z.B. Maße zwischen Stützen, Pfeilern usw.	+/- 16	+/- 20	+/- 24	+/- 30	-
Lichte Maße im Aufriss, z.B. unter Decken und Unterzügen	+/- 16	+/- 20	+/- 30	-	-
Öffnungen für Fenster, Türen, Einbauelemente	+/- 12	+/- 16	-	-	-
Öffnungen wie vor, jedoch mit oberflächenfertigen Leibungen	+/- 10	+/- 12	-	-	-

Abbildung 62: Grenzabmaße nach DIN 18202, Tabelle 1

Die Einhaltung der DIN 18202 „Toleranzen im Hochbau", ermöglicht trotz unvermeidlicher Ungenauigkeiten beim der Bauausführung, die vorgesehene Funktion zu erfüllen und die Bauelemente des Roh- und Ausbaus ohne Anpass- und Nacharbeiten zusammen zu fügen (vgl. Abb. 62 und 63).

Da die zulässigen Abweichungen nach oben und unten zum Teil erheblich sind, kann im Einzelfall die Vereinbarung besonderer Maßtoleranzen notwendig werden.

4.2 Bedenkenanmeldungen des Auftragnehmers nach § 4 Abs. 3 VOB/B

Hat der Auftragnehmer Bedenken

- gegen die vorgesehene Art der Ausführung,
- gegen die Güte der vom Auftraggeber gelieferten Stoffe oder Bauteile oder
- gegen die Leistungen anderer Unternehmer

so hat er diese dem Auftraggeber schriftlich mitzuteilen.

Diese Prüfpflicht erstreckt sich allerdings nur auf Sachverhalte, die der Auftragnehmer mit seinem Wissen erkennen kann; eine Prüfung der Planung durch den Auftragnehmer kann nicht verlangt werden.

Sofern ein Auftragnehmer Bedenken anmeldet, sind diese unverzüglich und sorgfältig zu prüfen. Gegebenenfalls muss der Bauleiter Rücksprache mit den betroffenen Planern halten.

Zeile	Bezug	Stichmaße als Grenzwerte in mm bei Messpunktabständen in m bis				
		0,1	1[1]	4[1]	10[1]	15[1][2]
1	Nichtflächenfertige Oberseiten von Decken, Unterbeton und Unterböden	10	15	20	25	30
2	Nichtflächenfertige Oberseiten von Decken, Unterbeton und Unterböden mit erhöhten Anforderungen , z.b. zur Aufnahme von schwimmenden Estrichen, Industrieböden, Fliesen- und Plattenbelägen, Verbundestri- chen. Fertige Oberflächen für untergeord- nete Zwecke, z.B. in Lagerräumen und Kellern	5	8	12	15	20
3	Flächenfertige Böden, z.b. Estriche als Nutzestriche, Estriche zur Auf- nahme von Bodenbelägen Bodenbeläge, Fliesenbeläge, gespachtelte und geklebte Beläge	2	4	10	12	15
4	Wie Zeile 3, jedoch mit erhöhten Anforderungen	1	3	9	12	15
5	Nichtflächenfertige Wände und Un- terseiten von Rohrdecken	5	10	15	25	30
6	Flächenfertige Wände und Untersei- ten von Decken, z.B. geputzte Wän- de, Wandbekleidungen, untergehängte Decken	3	5	10	20	25
7	Wie Zeile 3, jedoch mit erhöhten Anforderungen	2	3	8	15	20

1) Zwischenwerte sind den Bildern 1 und 2 zu entnehmen und auf ganze mm zu
   runden.
2) Die Ebenheitstoleranzen der Spalte 6 gelten auch für Messpunktabstände
   über 15 m.

Abbildung 63: Ebenheitstoleranzen nach DIN 18202, Tabelle 3

Sofern der Auftraggeber an der geplanten Ausführung festhält, kann er nachträglich gegen den Auftragnehmer keine Ansprüche wegen Mängeln o.ä. durchsetzen, weil der Auftraggeber für seine Anordnungen verantwortlich bleibt.

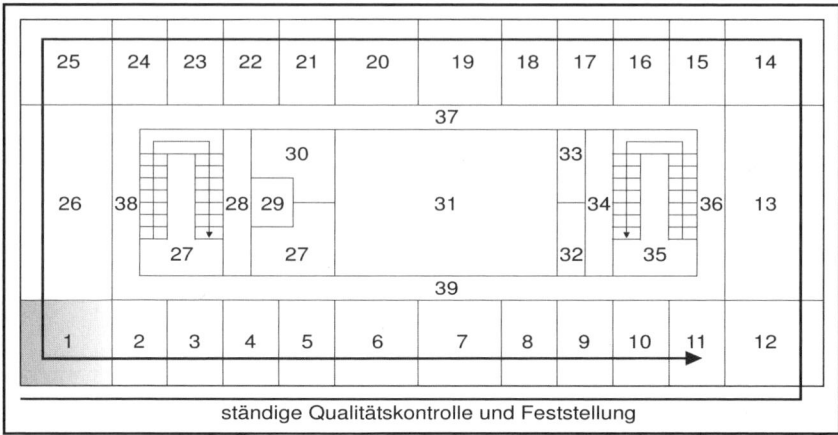

Abbildung 64: Regelmäßige Qualitätskontrolle der Gesamtmaßnahme

4.3 Kontrolle der Ausführung

4.3.1 Typische Mängel in der Bauausführung

Die überwiegende Mehrheit der Ausführungsmängel sind bei Kontrollen offensichtlich erkennbar, nur eine kleine Zahl der Mängel ist schwer erkennbar. Typische Mängel in der Bauausführung sind beispielsweise

- die Beschädigungen von ungeschützten Bauelementen,
- eine Ausführung, die nicht den Plänen entspricht,
- eine mangelhafte Ausführung oder
- der Einsatz des richtigen Materials an der falschen Stelle.

Viele dieser zum Teil „kleinen" Mängel können mit Voranschreiten der Bauausführung nur noch mit großem Aufwand beseitigt werden.

Beispiel

Bei Malerarbeiten an den Fassadenelementen wurde das Entfernen der Abklebungen vergessen. Weil das Gerüst bereits abgebaut ist, muss das Entfernen von der Leiter aus erfolgen.

4.3.2 Verwaltung von Mängeln

4.3.2.1 Grundsätzliches

Der Aufwand zur Beseitigung von Mängeln nimmt mit der Bauausführung zu. Einige Auftragnehmer schieben die Mängelbeseitigung auf die lange Bank, weil sie aus der Erfahrung anderer Projekte wissen, dass die Mängelbeseitigung am Ende sogar unmöglich ist, beispielsweise dann, wenn der Auftraggeber ein Gebäude bereits nutzt.

Dieses Problem kann nur gelöst werden, wenn die Qualitätskontrollen schon baubegleitend und nicht erst mit der Abnahme erfolgen.

Zur Unterstreichung des Anspruchs des Auftraggebers auf ein mangelfreies Bauwerk ist es zudem ratsam, die voraussichtlichen Mängelbeseitigungskosten von den jeweiligen Abschlagsrechnungen einzubehalten (vgl. D.6).

Auftragnehmer arbeiten um so zuverlässiger, je stärker sie sich kontrolliert fühlen.

4.3.2.2 Regelmäßige Baustellenbegehung

Die Kontrolle der Qualitäten kann bezogen auf

a) eine bestimmte Bauleistung oder

b) sämtliche Bauleistungen

erfolgen.

Zu a) Kontrolle bezogen auf eine eine bestimmte Bauleistung

Die Kontrolle einer bestimmte Bauleistung kommt bei besonders schwieriger Ausführung und/oder bei besonders kritischen Bauelementen wie beispielsweise der Dachabdichtung in Betracht.

Welche Bauelemente besonders überprüft werden sollen, kann der Bauleiter anhand der Baubeschreibung schnell und einfach prüfen und die entsprechenden Vorgänge im Terminplan markieren.

So kann erreicht werden, dass keine Kontrolle wichtiger Bauelemente unterbleibt.

Zu b) Kontrolle sämtlicher Bauleistungen

Bei der Vielzahl der Auftragnehmer und der auszuführenden Bauelemente erscheint die Kontrolle aller einzelnen Bauelemente nacheinander unwirtschaftlich.Vielmehr geht es darum, den eigenen Aufwand gering zu halten und dennoch keine Mängel zu übersehen. Dazu wird die gesamte Baustelle überprüft, indem der Bauleiter die gesamte Baustelle Raum für Raum in Augenschein nimmt (vgl. Abb. 64) und dabei kontrolliert

• ob Mängel vorhanden sind und

• ob bereits erkannte Mängel zwischenzeitlich beseitigt wurden.

Mängelliste nach Räumen	2.900,00 EUR

Büro 01

Meier — Putzoberfläche uneben ☐

Zu beseitigen bis: 09.11.2007

19.10.2007 / / 1.000,00

Schmolke — Türzargen beschädigt ☐

Zu beseitigen bis: 03.12.2007

10.11.2007 / / 1.500,00

Schmolke — falsche Türgriffe eingebaut ☐

Zu beseitigen bis: 03.12.2007

10.11.2007 / / 300,00

Schulze — Malerkrepp nicht beseitigt ☐

Zu beseitigen bis: 16.11.2007

26.10.2007 / / 100,00

Abbildung 65: Gesamte Mängelliste aller Auftragnehmer, gegliedert nach Räumen

Zur Kontrolle reichen in der Regel verkleinerte Grundrisse aus, in denen die Raumnummern aufgeführt sind. Sofern weitere Unterlagen zur Prüfung notwendig sind, können diese später im Büro eingesehen werden.

Die Feststellungen werden raumweise je festgestelltem Mangel dokumentiert. Die Mängel werden dann im Büro anhand der Raumnummer, des Verursachers und der genauen Beschreibung verwaltet.

Dieser Prozess wird während der Bauausführung – speziell im Ausbau – in der Regel wöchentlich durchgeführt. Die Bauleitung kann durch die permanenten Kontrollen und die damit verbunden Mängelrügen im Wochenrhythmus die Auftragnehmer rechtzeitig zur Mängelbeseitigung auffordern.

4.3.2.3 Systematische Verwaltung

Je nach Größe des Bauvorhabens kann die Anzahl an Mängeln erheblich variieren. Schon bei mittelgroßen Projekten kann die Anzahl der Mängel schnell mehrere hundert oder tausend betragen. Dabei bedarf es nicht nur der Feststellung der Mängel, sondern auch deren Dokumentation und Nachverfolgung.

In der Praxis werden Mängel oft mit konventioneller Textverarbeitung oder Tabellenkalkulation dokumentiert und verwaltet. Problematisch dabei ist, dass der Zeitaufwand für die Eingabe und Bearbeitung, sowie die Nachverfolgung sehr hoch ist, weil sich diese Programme nur bedingt für diesen Einsatzzweck eignen. Geht man beispielsweise von 1.500 Mängeln aus, wird schnell klar, wie aufwändig deren Verwaltung ist.

Wird hingegen eine Datenbank verwendet, können die festgestellten Mängel den einzelnen Räumen und Auftragnehmern zugeordnet werden und zudem übersichtliche Auswertungen erstellt werden, die einen großen Vorteil für den Bauleiter bieten.

So kann die Ausgabe der Mängel

- als nach Räumen sortierte Gesamtliste erfolgen, die sämtliche Mängel der Räume enthält (vgl. Abb. 65) oder

- als nach Räumen sortierte Liste eines Auftragnehmers erfolgen, die nur dessen Mängel beinhaltet (vgl. Abb. 66, nächste Seite).

Im Folgenden wird die Verwaltung der Mängel mit EDV-Unterstützung besprochen.[66]

---

[66] Die hier beschriebene Datenbank zur Mängelverwaltung kann kostenlos unter http://www.feuerabend.de/bauleitung heruntergeladen werden.

Mängelliste Auftragnehmer Schmolke	5.950,00 EUR

Büro 01

Schmolke

> Türzargen beschädigt

Zu beseitigen bis:
03.12.2007

10.11.2007 / / 1.500,00 ☐

Schmolke

> falsche Türgriffe eingebaut

Zu beseitigen bis:
03.12.2007

10.11.2007 / / 300,00 ☐

Büro 02

Schmolke

> Türblatt beschädigt

Zu beseitigen bis:
03.12.2007

10.11.2007 / / 2.100,00 ☐

Foyer

Schmolke

> Tür falsch angeschlagen

Zu beseitigen bis:
03.12.2007

10.11.2007 / / 1.000,00 ☐

Abbildung 66: Mängelliste eines Auftragnehmers, gegliedert nach Räumen

Erfassung der Mängel in der Datenbank

Die Mängel werden einzeln erfasst und dem betroffenen Auftragnehmer und der entsprechenden Ortsangabe zugeordnet. Das System erfasst automatisch den Zeitpunkt der Erfassung des Mangels (vgl. Abb. 67).

Zudem können die voraussichtlichen Mängelbeseitigungskosten je Mangel erfasst werden, um diese gegenüber dem Auftragnehmer als Druckmittel zur Mängelbeseitigung entsprechend geltend machen zu können.

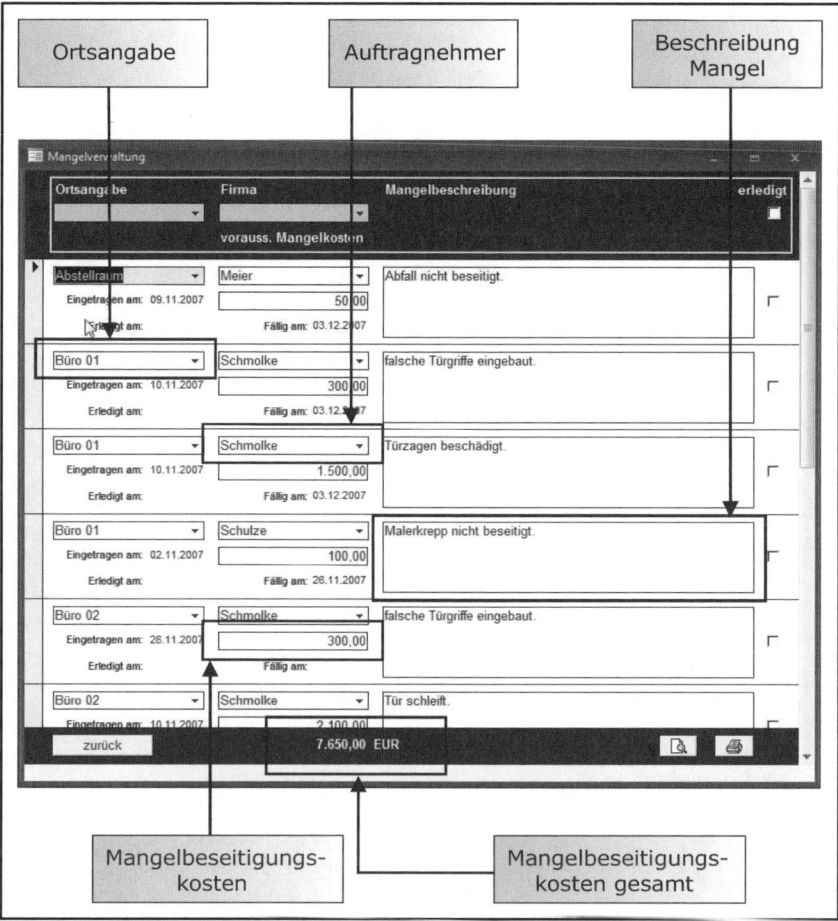

Abbildung 67: Eingabemaske zur Mängelerfassung

Prüfrundgänge auf der Baustelle

Für den wöchentlichen Rundgang, bei dem die Beseitigung bereits erkannter Mängel geprüft und die neu hinzu getretenen Leistungen auf Mängel untersucht werden, kann die Gesamtliste der Mängel eingesetzt werden, die sämtliche Mängel sortiert nach Ortsangabe enthält (vgl. Abb. 65).

Diese Liste ist bereits als Checkliste aufgebaut und kann bei der Beseitigung eines Mangels zeitsparend abgehakt werden.

Auftragnehmer
Musterstraße 12

45654 Musterstadt

25.11.2010

Neubau Altenheim, Residenzstr. 23, 45654 Musterstadt
hier: Aufforderung nach § 4 Abs. 7 VOB/B

Sehr geehrte Damen und Herren,

ich habe heute festgestellt, dass Ihre Leistungen die in der Anlage aufgeführten Mängel aufweisen.

Die Mängel sind bis spätestens 20.12.2010 zu beseitigen.

Die Erledigung Ihrer Arbeiten zeigen Sie mir bitte kurz schriftlich an.

Mit freundlichen Grüßen

Karl Bauleiter

Musterschreiben 3: Aufforderung zur Mängelbeseitigung nach § 4 Abs. 7 VOB/B

Verwaltung der Mängel

Nachdem die Mängel im System erfasst sind, können die einzelnen Eintragungen jederzeit aktualisiert werden.

Erledigte Mängel werden als erledigt gekennzeichnet, bleiben aber im System mit dem Datum der Erledigung erhalten, um im Nachhinein Auswertungen – z.B. im Hinblick auf Erfahrungen mit einem Auftragnehmer in Bezug auf dessen Mangelhäufigkeit und Reaktionszeiten – durchführen zu können.

4.3.3 Verfolgung der Mängel

Der Auftragnehmer muss gemäß § 4 Abs. 7 Satz 1 VOB/B Leistungen, die schon während der Ausführung als mangelhaft oder vertragswidrig erkannt worden sind, auf eigene Kosten durch mangelfreie ersetzen.

In der Praxis ist diese Regelung unstrittig. Dennoch behandeln viele Auftragnehmer die Mängelbeseitigung stiefmütterlich, weil sie durch die Weiterführung der Arbeiten Zahlungsansprüche gegenüber dem Auftraggeber erlangen, ihnen durch die Mängelbeseitigung aber nur Kosten entstehen.

Nach den wöchentlichen Rundgängen ist den jeweiligen Auftragnehmern die aktuelle Mängelliste mit der Aufforderung zur Mängelbeseitigung zu übersenden (vgl. Musterschreiben 3).

5 Terminsteuerung

5.1 Grundlagen

Ein reibungsloser Bauablauf setzt neben einer durchdachten Terminplanung eine gut funktionierende Terminsteuerung voraus. Unter Terminsteuerung versteht man die Kontrolle und den steuernden Eingriff in den Bauablauf.[67]

Für eine funktionierende Terminsteuerung ist die **Dokumentation** der Ist-Termine und deren Abgleich mit den Soll-Terminen unabdingbar. Weichen diese voneinander ab und gefährden dadurch die Einhaltung von Vertragsterminen, hat der auftraggeberseitige Bauleiter durch steuernde Maßnahmen entgegen zu wirken, um die Einhaltung der vertraglich vereinbarten Termine zu gewährleisten.

5.2 Fortschrittskontrolle während der Ausführung

5.2.1 Dokumentation der Soll-Termine

Die **Soll-Termine** gehen in der Regel aus der Terminplanung des Auftraggebers hervor. Welche Termine Vertragstermine sind, ist im Einzelfall zu prüfen.

5.2.2 Dokumentation der Ist-Termine

Als **Ist-Termin** bezeichnet man den Zeitpunkt, zu dem eine Leistung tatsächlich erbracht wird. Um den Überblick über den Bauablauf zu behalten und die Einhaltung von Vertragsterminen zu gewährleisten, ist es notwendig, die Ist-Termine samt eventueller Behinderungsereignisse zu dokumentieren.

---

67 Vgl. Nagel, S.168.

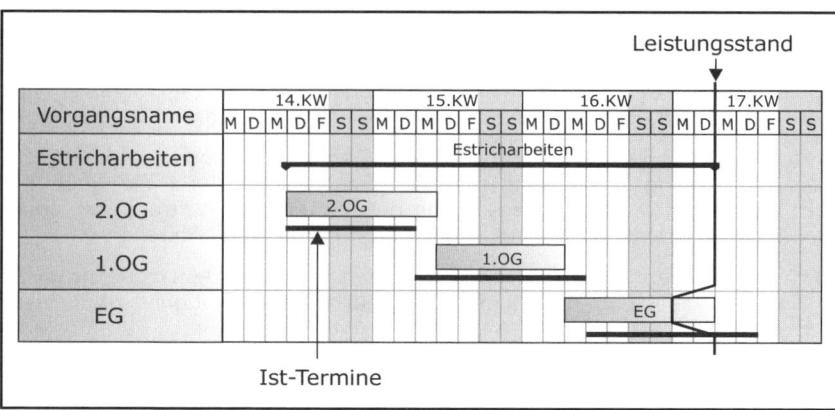

Abbildung 68: Händische Eintragung der Ist-Termine in den Terminplan

Des Weiteren ist eine **lückenlose Dokumentation** des Bauablaufs notwendig, um dem Auftragnehmer ein mögliches Mitverschulden an Verzögerungen nachweisen zu können und damit eventuelle auftragnehmerseitige Ansprüche auf Fristverlängerung zu entkräften.[68]

Die Wahl der Darstellung des Terminplans ist für einen übersichtliche Dokumentation der Ist-Termine von Bedeutung. Beispielsweise sind in einer Terminliste Terminabweichungen nur sehr schwierig zu dokumentieren, eher geeignet ist in der Regel eine Darstellung als Balkenplan (vgl. Abb. 68).

Die Dokumentation kann durch die **händische Eintragung** der festgestellten Ausführungsdauern und Behinderungsereignisse in den Soll-Terminplan geschehen. Zudem erfolgt die Dokumentation in Form eines Bautagebuchs.

Bei der Formatierung des Balkenplans sollte von Anfang an eine ausreichend große Zeilenhöhe gewählt werden, die es ermöglicht, unter- oder oberhalb der Vorgangsbalken Eintragungen einzufügen (vgl. B.7.2).

Die händische Eintragung in den erstellten Terminplan hat den Vorteil, dass sie zeitsparend ist und und dennoch schnell erkennen lässt, ob sich Abweichungen auf die übrigen Termine auswirken.

5.2.3 Kontrolle durch Soll-Ist-Vergleich

Der Vergleich der Ist-Termine mit den Soll-Terminen dient dazu, zu erkennen, ob die zu einem spezifischen Zeitpunkt tatsächlich ausgeführten Leistungen (Ist-Termine) mit dem geplanten Leistungsstand (Soll-Termine) übereinstimmen oder ob zu Terminverzögerungen führende Leistungsrückstände drohen.

---

68 Vgl. Feuerabend/ Bielefeld, S.162.

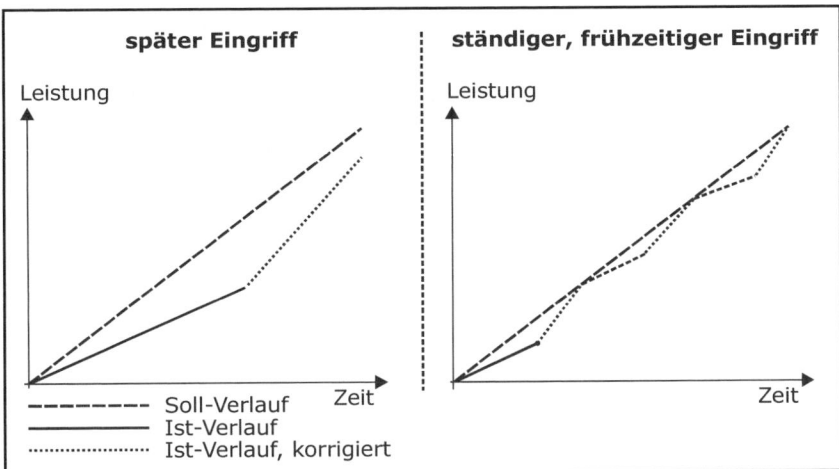

Abbildung 69: **Eingriffsmöglichkeiten und Wirkung bei frühem und spätem Eingriff**

Beispiel:

Der vom AG beauftragte Trockenbauer soll seine Leistungen innerhalb von 20 Arbeitstagen ausführen. Der AN wird nicht behindert und kann wie geplant seine Arbeit aufnehmen.

Der auftraggeberseitige Bauleiter kontrolliert am fünfzehnten Arbeitstag den Leistungsstand und stellt fest, dass nur die Hälfte der Leistungen ausgeführt sind, obwohl zu diesem Zeitpunkt bereits drei Viertel der Leistung fertiggestellt sein sollten.

Es droht die Überschreitung der Ausführungsfrist von 20 Arbeitstagen.

Der Soll-Ist-Vergleich im Beispiel zeigt, dass der Auftragnehmer die vereinbarte Ausführungsdauer zu überschreiten droht und auftraggeberseitige Steuerungsmaßnahmen ergriffen werden müssen.

Die kontinierliche und rechtzeitige Kontrolle des Bauablaufs durch Soll-Ist-Vergleiche stellt somit ein wichtiges Instrument der Terminsteuerung dar, weil nur so die Einhaltung auftraggeberseitig vorgegebener Ausführungsfristen gewährleistet werden kann (vgl. Abb. 59).

5.3 Ursachen von Störungen und Reaktionsmöglichkeiten

Im Folgenden wird eine durchgehende Systematik vorgestellt, die als Orientierungshilfe in der Terminsteuerung zu verstehen ist. Ein methodisches Schema unterstützt die Ursachenforschung bei Verzögerungen im Bauablauf. Abb. 70 stellt die Prüf- und Reaktionsreihenfolgen bei Verzögerungen im Bauablauf dar und soll dem auftraggeberseitigen Bauleiter als Handlungshilfe im Terminmanagement dienen.

Störungen können

- von keiner Seite,
- vom Auftraggeber oder
- vom Auftragnehmer

zu vertreten sein

Zunächst ist leicht zu prüfen, ob die Ursache von keiner Seite zu vertreten ist und der Terminplan gegebenenfalls zu modifizieren ist. Anhand des modifizierten Terminplans kann eine erneute Prüfung auf Einhaltung der Termine erfolgen.

Im zweiten Schritt wird geprüft, ob die Störungen vom Auftraggeber zu vertreten sind. Verlaufen die ersten beiden Prüfschritte ohne Ergebnis, so wird die Ursache im Verantwortungsbereich des Auftragnehmers liegen.

Im Folgenden werden die verschiedenen Ursachen für Verzögerungen während der Ausführung geschildert, worauf im Einzelfall zu achten ist und wie geeignete Steuerungsmaßnahmen aussehen können.

5.3.1 Von keiner Seite zu vertretende Ursachen

Auch Störungen, die durch keine der beiden Vertragsparteien zu vertreten sind, können den Bauablauf stören. Zu ihnen zählen beispielsweise

- Streik oder eine von der Berufsvertretung der Arbeitgeber angeordnete Aussperrung im Betrieb des Auftragnehmers oder in einem unmittelbar für ihn arbeitenden Betrieb,
- höhere Gewalt oder andere für den Auftragnehmer unabwendbare Umstände und
- Witterungseinflüsse während der Ausführungszeit, mit denen bei Abgabe des Angebots nicht gerechnet werden konnte.

Wird eine Behinderung durch einen **Streik** verursacht, so hat dies weder der Auftraggeber noch der Auftragnehmer zu vertreten. Gemäß § 6 Abs. 2 Nr. 1 VOB/B werden die Ausführungsfristen entsprechend verlängert, da der Auftraggeber das zeitliche Risiko für Behinderungen durch Streik und Aussperrung trägt.[69]

---

69 Vgl. Kapellmann/Schiffers, Band 1, Rn. 1244.

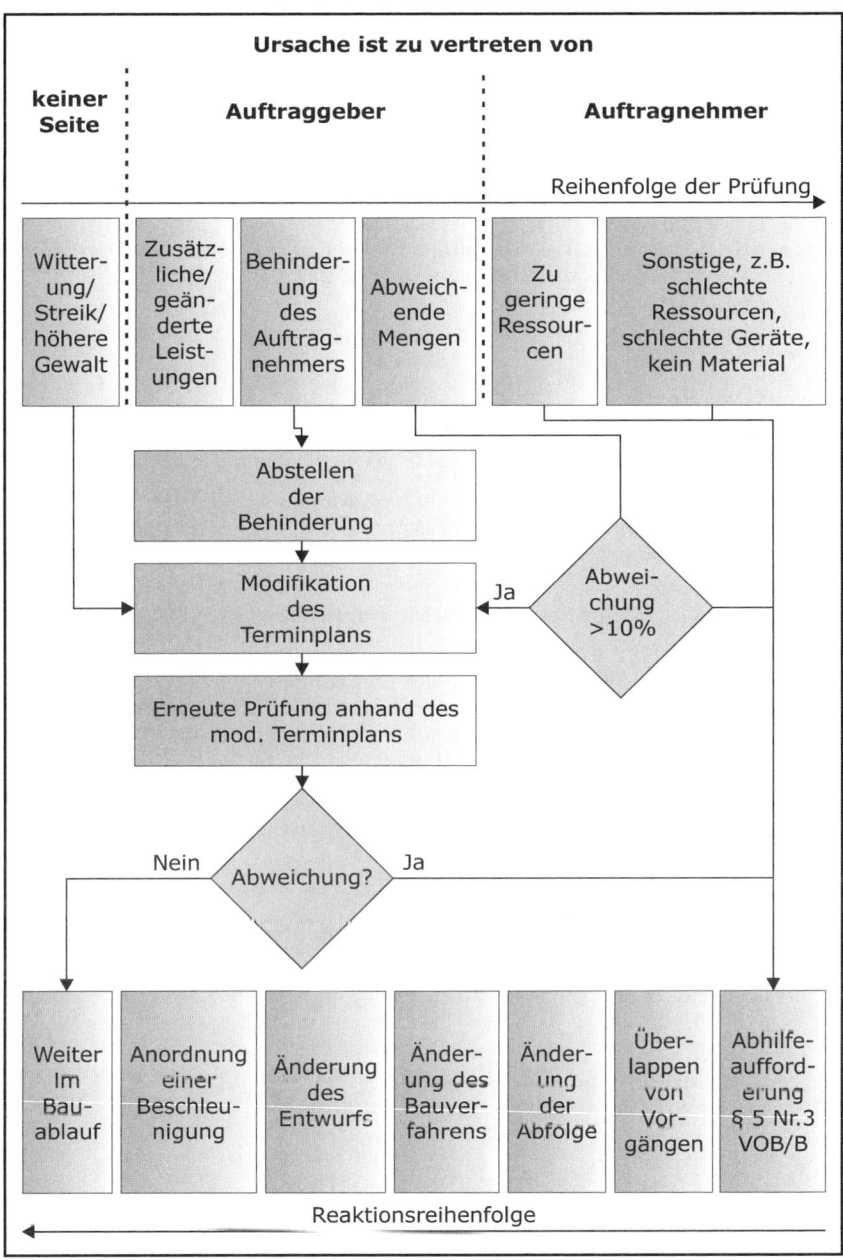

Abbildung 70: Prüfschema zur Terminsteuerung

Ähnlich verhält es sich bei Störungen, die durch **höhere Gewalt oder unabwendbare Umstände** hervorgerufen werden. Auch hier trägt der Auftraggeber das zeitliche Risiko, was bedeutet, dass sich in diesem Fall die Ausführungsfristen entsprechend verlängern. Unter höherer Gewalt sind allgemein Naturereignisse wie beispielsweise Erdbeben, Blitzschlag oder außergewöhnliche Stürme zu verstehen. Unabwendbare Umstände sind Ereignisse, die trotz größter Sorgfalt nicht vorherzusehen oder zu verhindern waren und dem Auftragnehmer somit nicht angelastet werden können.[70]

Schlechte Witterungsbedingungen, mit denen zum Zeitpunkt der Angebotsabgabe gerechnet werden musste, führen gemäß § 6 Abs. 2 Nr. 2 VOB/B nicht zu einer Fristverlängerung.

Beispiel:

Beim Aushub von Gräben für Rohrleitungsarbeiten im offenen Gelände kommt es plötzlich zu starken Regenfällen, woraufhin die Arbeiten unterbrochen werden müssen. Da zu jeder Jahreszeit mit starken Regenfällen zu rechnen ist, liegt kein Anspruch auf Fristverlängerung vor.

Anders verhält es sich, wenn bereits im November so niedrige Temperaturen herrschen, dass das Fortführen der Arbeiten nicht möglich ist.

5.3.2 Vom Auftraggeber zu vertreten Ursachen

Aus dem Rechtsgedankens der §§ 644 und 645 BGB lässt sich der Grundsatz ableiten, dass bei Bauverträgen alle Behinderungen, die entweder aus dem vertraglichen oder dem rechtlichem Risikobereich des Auftraggebers stammen, zu Fristverlängerungen für den Auftragnehmer führen.[71] Dabei ist es unerheblich, ob der Auftraggeber rechts- oder vertragswidrig handelt, noch ob er zu seinem Handeln berechtigt ist.[72]

Zu auftraggeberseitig zu vertretenden Ursachen gehören unter anderem

- zusätzliche oder geänderte Leistungen ,
- Behinderungen des Auftragnehmers und
- Mengenabweichungen von den Vordersätzen des Leistungsverzeichnisses.

---

70 Vgl. Kapellmann/Schiffers, Band 1, Rn. 1245 ff.
71 Vgl. Ingenstau/ Korbion, § 6 VOB/B, Rn. 27 ff.
72 Vgl. Motzke u.a., § 6 Nr. 2 VOB/B, Rn. 40.

5.3.2.1 Zusätzliche oder geänderte Leistungen

Wirken sich geänderte oder zusätzliche Leistungen auf den Bauablauf aus, so sind die Ausführungsfristen zu verlängern, weil nach § 6 Abs. 2 Nr. 1 VOB/B geänderte und zusätzliche Leistungen grundsätzlich vom Auftraggeber zu vertreten sind.

> **Beispiel**
>
> Der Auftraggeber stellt während des Ausführungszeitraums fest, dass die Anzahl an Einzelbüros zu gering ist und ordnet das zusätzliche Einziehen von Trockenbautrennwänden dort an, wo zuvor im Grundriss ein Großraumbüro geplant war.

Voraussetzung ist, dass tatsächlich eine Auswirkung auf den Bauablauf vorhanden ist, was bei geänderten Leistungen nicht immer der Fall sein muss.

Obschon der Auftragnehmer grundsätzlich nur Anspruch auf Bauzeitverlängerung hat, wenn er dies durch eine Behinderungsanzeige nach § 6 Abs.1 VOB/B angezeigt hat,[73] ist im Fall der geänderten oder zusätzlichen Leistung in der Praxis fraglich, ob dem Auftraggeber die terminlichen Auswirkungen nicht offenkundig waren. So ist jedem Fachmann klar, dass die Ausführung zusätzlicher Leistungen in der Regel auch zusätzliche Zeit beansprucht; Ähnliches gilt für geänderte Leistungen.

5.3.2.2 Behinderung des Auftragnehmers

Wird ein Fachunternehmer in der Ausführung seiner Leistungen behindert, so hat er dies unverzüglich schriftlich in Form einer Behinderungsanzeige gemäß § 6 Abs. 1 VOB/B dem Auftraggeber anzuzeigen.

Wird die Behinderung nicht angezeigt, so kann der Auftragnehmer eine Verlängerung der Ausführungsfristen und eventuelle Schadensersatzansprüche nur verlangen, wenn die Gründe für den Auftraggeber offensichtlich waren.

> **Beispiel**
>
> Es liegt keine Baugenehmigung vor. In diesem Fall ist dem Auftraggeber die Behinderung des Auftragnehmers offenkundig.

Die Behinderung eines Auftragnehmers kann sowohl durch andere vor ihm tätige Fachunternehmer hervorgerufen werden, als auch sonstwie im Verantwortungsbereich des Auftraggebers liegen, nämlich dann, wenn der Fachunternehmer die Pläne zur Ausführung der Leistung verspätet oder gar nicht bekommt. Auch die verspätete Erteilung der Baugenehmigung liegt im Verantwortungsbereich des Auftraggebers und stellt eine Behinderung dar.

---

73 Vgl. Vygen u.a., Teil A, Rn. 138 ff.

Wird vom Auftragnehmer eine unberechtigte Behinderungsanzeige gestellt, so hat dieser kein Anrecht auf die Modifikation des Terminplans und ist an die vereinbarten Fristen gebunden. Eine unberechtigte Behinderungsanzeige liegt beispielsweise vor, wenn der Auftragnehmer sich auf angeblich schlechte Witterungsbedingungen beruft, mit denen er bei Abgabe seines Angebotes hätte rechnen müssen. Eine entsprechende nicht berechtigte Behinderungsanzeige bleibt ohne Konsequenzen.

5.3.2.3 Mengenabweichungen gegenüber den Vordersätzen des Leistungsverzeichnisses

Das Abweichen der Fertigungsmenge von den Vordersätzen ist in der Praxis ein häufig auftretender Fall, weil die Mengenermittlung zur Ausschreibung oftmals ohne eine abgeschlossene Ausführungsplanung durchgeführt wird und daher die Vordersätze von den tatsächlichen Fertigungsmengen abweichen.

Liegt jedoch der Fall einer Mengenabweichungen vor, ist zu klären, wie groß die Abweichung tatsächlich ist. Analog zur Vergütung wirkt sich diese gemäß § 2 Abs.3 VOB/B nur auf die Ausführungsfrist aus, sofern sie über 10 v.H. beträgt.[74] Ist die Mengenabweichung jedoch geringer, so kann der Auftragnehmer keine Verlängerung der Ausführungsfristen verlangen, weil die Abweichung in dieser Größenordnung in seinem Risikobereich liegt.[75]

In jedem Fall ist hier – ähnlich der Ausgleichsberechnung bei der Vergütung – zu untersuchen, ob die Mengenabweichungen sich nicht wechselseitig aufheben. In diesen Fällen ist ein Anspruch auf Fristverlängerung zu verneinen.

> **Beispiel**
> Während der Bauausführung stellt sich heraus, dass die Vordersätze der Trockenbauarbeiten mangelhaft ermittelt wurden. Dennoch gleichen sich die Mengenabweichungen der einzelnen Positionen so aus, dass keine terminlichen Folgen zu erkennen sind.

Weil Mengenabweichung in der Praxis erst im Zuge der Abrechnung erkannt werden, bergen diese im Hinblick auf die Termine ein gewisses Risiko, das sich aber durch eine **sorgfältige Mengenermittlung für die Ausschreibung** minimieren lässt.

Anders als bei Einheitspreisverträgen gilt diese Regelung nicht bei Pauschalverträgen. Hier liegt das Mengenermittlungsrisiko beim Auftragnehmer.

---

74 Vgl. Kapellmann/Schiffers, Band 1, Rn. 565 ff.
75 Vgl. Vygen u.a., Teil A, Rn. 144 ff.

5.3.3 Vom Auftragnehmer zu vertretende Ursachen

Ursachen für Bauzeitverzögerungen, die auftragnehmerseitig zu vertretende sind, können beispielsweise in

- zu geringen Ressourcen,
- schlechten Ressourcen,
- abweichenden tägliche Arbeitszeiten oder
- sonstigen Gründen

bestehen.

Diese auftragnehmerseitig zu vertretenden Verzögerungsursachen werden im Folgenden näher erläutert.

5.3.3.1 Zu geringe Ressourcen

In Bezug auf die Überschreitung von Terminen liegt zunächst der Gedanke nahe, dass die eingesetzten Ressourcen unzureichend sind. Die tatsächlich eingesetzten Arbeitskräfte und Geräte können vom Bauleiter mit wenig Aufwand vor Ort ermittelt werden.

An Hand der eigenen Terminplanung kann dann eine Prüfung des Ressourceneinsatzes erfolgen, indem der Bauleiter in seiner Terminplanung die vorgesehenen Ressourcen den tatsächlichen gegenüberstellt.

Die Annahmen der Terminplanung zu den benötigten Ressourcen bauen auf Erfahrungswerten auf und stimmen daher nicht unbedingt mit dem tatsächlich notwendigen Ressourceneinsatz überein. In der Praxis kommt es daher häufig zu (unbedeutenden) Soll-Ist-Abweichungen.

Eine Gegenüberstellung kann jedoch als Anhalt für eine mögliche Ursache dienen. Dabei ist zu beachten, dass der Auftragnehmer in der Wahl seiner Ressourcen grundsätzlich frei ist und der **Auftraggeber nicht berechtigt ist, in dieser Hinsicht Anweisungen zu erteilen**.

Hat der Bauleiter den Eindruck, dass die Termine mit den eingesetzten Ressourcen nicht gehalten werden können, kann er den Auftragnehmer schriftlich zur Abhilfe auffordern.

183

5.3.3.2 Schlechte Ressourcen

Eine weitere Ursache für Bauzeitverzögerungen liegt im Einsatz schlechter Ressourcen. Als schlechte Ressourcen werden hier unterqualifizierte Arbeitskräfte bzw. qualitativ minderwertiges Gerät oder Material bezeichnet.

Die Tatsache, dass ausführende Unternehmen oftmals mehr Aufträge annehmen, als ihre Kapazitäten erlauben, führt in der Praxis häufig dazu, dass die Unternehmen nur eine unzureichende Anzahl an eigenen Fachkräften bereitstellen können.

Das wiederum hat zur Folge, dass Arbeiten durch Hilfsarbeiter und nicht wie vorgesehen durch Facharbeiter ausgeführt werden, worunter einerseits die Qualität der Leistung und andererseits die Einhaltung von Terminen leidet.

5.3.3.3 Abweichende tägliche Arbeitszeit

Das Abweichen von der üblichen täglichen Arbeitszeit liegt in der Regel im Verantwortungsbereich des Auftragnehmers. In Deutschland wird ein Terminplaner – von besonderen Bauvorhaben z.B. im Bestand abgesehen – von einer Arbeitszeit von acht Stunden pro Arbeitstag ausgehen. Ist die tägliche Arbeitszeit geringer, so verlängert sich die Ausführungsdauer.

5.3.3.4 Sonstige Gründe

Weitere Gründe, die der Auftragnehmer zu vertreten hat, sind beispielsweise

• Terminrückstände wegen Nachbesserung mangelhafter Leistungen,
• schlechte eigene Organisation der Baustelle oder
• fehlende Baustoffe.

Beispiel
Der Schreiner hat die F90-Türen zu spät bestellt und kommt daher mit dem Einbau in Verzug.

5.3.4 Grundsätzliches zu Fristen und Terminen

5.3.4.1 Vertrags- und Nicht-Vertragsfristen

Eine Vertragsfrist ist eine vertraglich verbindlich vereinbarte Frist. Einzelfristen eines Vertragsterminplans gelten nach § 5 Abs. 1 VOB/B nur als Vertragsfristen, wenn dies ausdrücklich vereinbart ist. **Wenn keine ausdrückliche Vereinbarung der Einzelfristen erfolgt ist, sind lediglich Anfangs- und Endtermin Vertragsfristen.**

Eine vertragliche Vereinbarung aller Einzelfristen ist in der Regel nicht sinnvoll, weil während der Bauausführung stets leichte Terminabweichungen auftreten, die sich aus der Überschlägigkeit der Terminplanung ergeben, und so schon kleinste Abweichungen vom Terminplan Ansprüche des Auftraggebers rechtfertigen würden.

5.3.4.2   Kalenderfristen

Kalenderfristen sind Fristen, die zusammen mit dem **Vertrag und einem Kalender bestimmbar** sind.

> **Beispiel**
> Beginn der Arbeiten Anfang der 23. KW 2008

Hiervon zu unterscheiden sind die Nicht-Kalenderfristen, die eben nur unter Hinzuziehung weiterer Unterlagen ermittelt werden können.

> **Beispiel**
> Beginn der Dachdeckungsarbeiten sofort nach Fertigstellung des Rohbaus.

5.3.4.3   Ereignisfrist

Ereignisfristen sind Fristen, deren Beginn ein **Ereignis vorausgeht**.

> **Beispiel**
> Baubeginn vier Wochen nach Erteilung der Baugenehmigung.

5.3.4.4   Verzug des Auftragnehmers

Die **Voraussetzungen des Verzugs** sind

a) die Fälligkeit der Leistung,
b) eine Mahnung,
c) Verschulden des Auftragnehmers.

zu a) Fälligkeit der Leistung

Sofern für eine Leistung eine **Vertragsfrist** vereinbart wurde, so ist die Leistung mit Verstreichen der Frist automatisch fällig.

Handelt es sich jedoch um eine **Nicht-Vertragsfrist oder um eine Vertragsfrist, die keine Kalender- oder Ereignisfriste ist**, so ist zunächst die Fälligkeit z.B. durch eine Abhilfeaufforderung nach § 5 Abs. 3 VOB/B herbeizuführen.

zu b) Mahnung

Eine Mahnung ist nur bei Vertragsfristen entbehrlich, die Kalender- oder Ereignisfristen sind. **In allen anderen Fällen ist eine zusätzliche Mahnung erforderlich.**

Eine Ausnahme besteht auch für den Fall, dass eine **Behinderung des Auftragnehmers** vorliegt oder vorlag. In diesem Fall handelt es sich zwar nach wie vor um eine – wenn auch durch die Behinderung verschobene – Vertragsfrist, jedoch nicht mehr um eine Kalenderfrist, weil die Behinderung zum Zeitpunkt des Vertragsschlusses nicht vorhergesehen werden konnte und der Termin unter Zuhilfenahme des Vertrages und eines Kalenders nicht ermittelbar ist; der Auftragnehmer gerät mithin auch nicht automatisch in Verzug.

Aus Sicht des Autors ist auch für den Fall, dass der Bauleiter sicher ist, dass sich der Auftragnehmer bereits in Verzug befindet eine zusätzliche Mahnung sinnvoll. Im Falle einer Auseinandersetzung entsteht dem Auftraggeber durch die zusätzliche Mahnung kein Nachteil – sie war nur überflüssig.

Dabei ist zu beachten, dass der in der Mahnung gesetzte Termin angemessen ist.

zu c) Verschulden

Sofern ein Auftragnehmer seine Termine nicht einhält, wir ihm ein Verschulden unterstellt und er muss widerlegen, dass er die Terminüberschreitung nicht zu vertreten hat. Das Verschulden des Auftragnehmers ist daher in den weitaus meisten Fällen in der Praxis unbeachtlich.

5.3.4.5 Prüfschema

Der Leistungsverzug des Auftragnehmers setzt das zuvor Besprochene voraus. Ein Prüfschema findet sich in Abb. 71.[76]

Zunächst ist zu klären, ob es sich bei den Fristen, die überschritten wurden oder drohen überschritten zu werden, um Vertrags- oder Nichtvertragsfristen handelt. Handelt es sich um Vertragsfristen, so ist die Leistung automatisch fällig, wenn es sich um Kalender- oder Ereignisfristen handelt.

---

76 In Anlehnung an Kapellmann/Langen, Abb. 2.

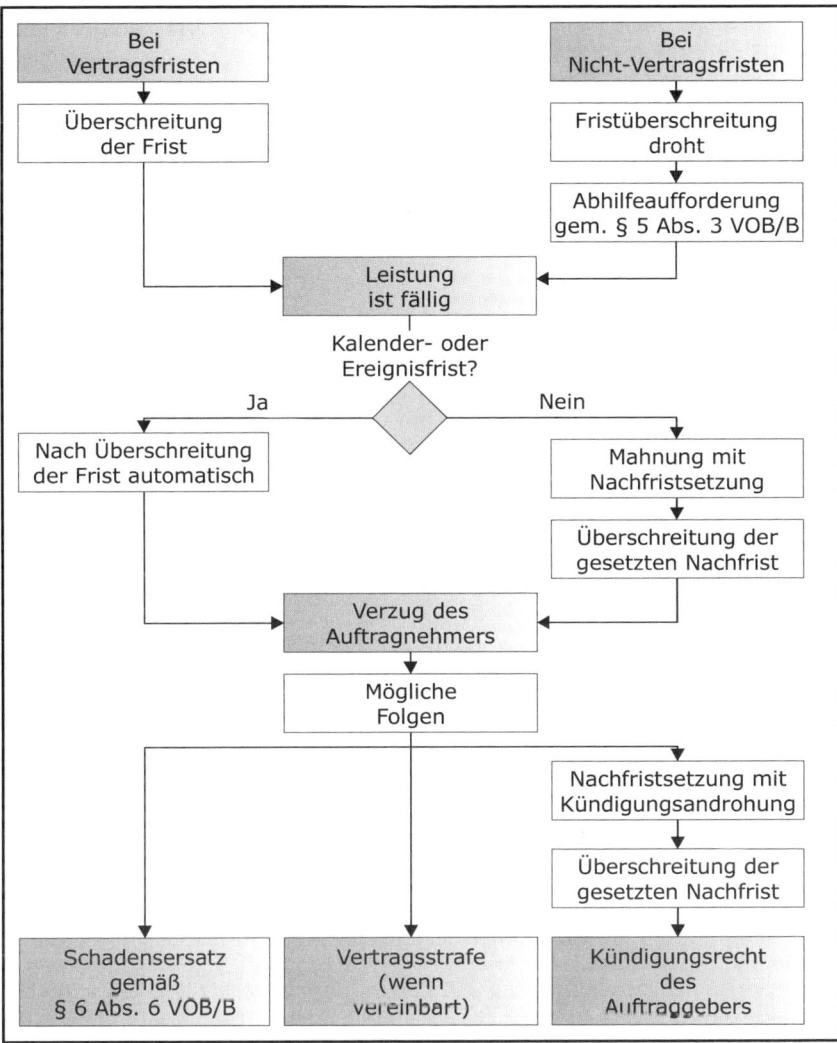

Abbildung 71: Prüfschema für den Leistungsverzug des Auftragnehmers

Bei Nicht-Vertragsfristen tritt die Fälligkeit der Leistung erst nach fruchtlosem Ablauf einer im Zuge der vom Auftraggeber gestellten Abhilfeaufforderung gesetzten Nachfrist (Mahnung) ein.[77]

Ist die Leistung fällig, so ist im nächsten Schritt zu klären, ob es sich um eine Kalenderfrist oder eine Nichtkalenderfrist handelt. Die Überschreitung einer Kalenderfrist oder Ereignisfrist führt direkt zum Verzug des Auftragnehmers. Bei Überschreitung einer Nichtkalenderfrist muss **zunächst eine Mahnung** und **danach eine Nachfristsetzung** erfolgen. Verstreicht die gesetzte Nachfrist fruchtlos, so tritt (erst) der Verzug des Auftragnehmers ein.

> **Hinweis**
>
> Sofern Behinderungen das Auftragnehmers aufgetreten sind, hat dieser möglicherweise Ansprüche auf Fristverlängerung.
>
> In diesem Fall sind die vertraglich vereinbarten Termine keine Kalenderfristen mehr, weil die modifizierten Termine eben nicht mehr mit Vertrag und Kalender bestimmbar sind.

5.3.5 Rechtliche Reaktionsmöglichkeiten

5.3.5.1 Abhilfeaufforderung gemäß § 5 Abs. 3 VOB/B

Der Auftraggeber kann einen Auftragnehmer gemäß § 5 Abs. 3 VOB/B zur Abhilfe auffordern, sofern die Nichteinhaltung von Vertragsfristen droht. Auch in dem Fall, dass durch die Nichteinhaltung von unverbindlichen Einzelfristen (Nicht-Vertragsfristen) eine oder mehrere Vertragsfristen gefährdet sind, kann der Auftraggeber zur Abhilfe auffordern.

Die Abhilfeaufforderung kann formlos erfolgen, sollte allerdings aus Beweisgründen immer schriftlich gestellt werden.[78] Sie beschränkt sich auf das Aufzeigen von Terminrückständen und gibt angemessene Fristen zur Aufholung dieser Rückstände vor (vgl. Musterschreiben 4).[79]

In der Abhilfeaufforderung sind **keinesfalls Vorschläge für die Lösung** zu unterbreiten, weil die Wahl der Mittel, mit denen die Einhaltung der Fristen erreicht wird, dem Auftragnehmer obliegt und der Auftraggeber sich sonst in die Gefahr begibt, dass seine Anordnungen im Sinn des § 2 Abs. 5 VOB/B als Beschleunigungsanordnung zu verstehen ist und zu zusätzlichen Beschleunigungskosten führt.[80]

Zudem ist der in der Abhilfeaufforderung gesetzte **Termin angemessen** zu wählen, beispielsweise durch Verwendung der Ausführungsdauern aus dem Vertragsterminplan.

---

77 Vgl. Kapellmann/ Langen, Rn. 60 ff.
78 Vgl. Kapellmann/ Messerschmidt, Teil B, § 5 Rn. 80.
79 Vgl. Langen/ Schiffers, Rn. 1751 ff.
80 Vgl. Langen/ Schiffers, Rdn. 1795 ff.

Auftragnehmer
Musterstraße 12

45654 Musterstadt

25.11.2010

**Neubau Altenheim, Residenzstr. 23, 45654 Musterstadt
hier: Abhilfeaufforderung nach § 5 Abs. 3 VOB/B**

Sehr geehrte Damen und Herren,

ich habe festgestellt, dass Sie noch im Bauabschnitt A arbeiten und
diesen noch nicht fertiggestellt haben. Im Bauabschnitt B wurden
die Arbeiten noch nicht aufgenommen.

Für den Bauabschnitt A war als Fertigstellungstermin der
26.11.2010 vereinbart; für die Aufnahme der Arbeiten Bauabschnitt B der 27.11.2010

Ich gehe davon aus, dass der Endtermin nicht eingehalten werden
kann und fordere Sie auf, die Arbeiten im Bauabschnitt A bis spätestens 02.12.2010 abzuschließen und die Arbeiten im Bauabschnitt B bis zum 03.12.2010 aufzunehmen.

Mit freundlichen Grüßen

Karl Bauleiter

Musterschreiben 4: Abhilfeaufforderung nach § 5 Abs. 3 VOB/B

Zudem ist zu beachten, dass der Auftragnehmer nur dazu verpflichtet ist, so
zu reagieren, dass der angemahnte Termin gehalten werden kann. Eine Verpflichtung zur „Aufholung" des Terminplans hat er nicht.

5.3.5.2 Anordnung einer Beschleunigung gemäß § 2 Abs. 5 VOB/B

Die Anordnung einer Beschleunigung gemäß § 2 Abs. 5 VOB/B liegt dann vor, wenn der Auftragnehmer durch eine auftraggeberseitige Anordnung dazu aufgefordert wird, das bisherige vertragsgerechte Produktionstempo zu erhöhen, um eine frühere Fertigstellung zu erreichen oder auftraggeberseitig zu vertretende Zeitrückstände aufzuholen.[81]

Dabei ist zu beachten, dass der **Auftragnehmer nicht zur Beschleunigung verpflichtet** ist, weil der Auftraggeber kein Anordnungsrecht in Bezug auf die Bauumstände besitzt. Führt der Auftragnehmer die Beschleunigung jedoch durch, so hat er gegenüber dem Auftraggeber einen zusätzlichen Vergütungsanspruch.

Eine Beschleunigung wird in der Regel durch eine Erhöhung des Ressourceneinsatzes erreicht. Dies kann entweder durch eine Erhöhung der Anzahl an Arbeitskräften auf der Baustelle oder durch eine Erhöhung der Arbeitszeiten durch Überstunden oder Wochenendarbeit erreicht werden.

Aus der Beschleunigung können u.a. Kosten für

- Intensitätsabfälle, z.B. durch eine nunmehr unzureichende Baustelleneinrichtung,
- Zuschläge für Überstunden o.ä.,
- Kosten für zusätzliche Baustelleneinrichtung, z.B. durch Einsatz eines weiteren Schalsatzes,

resultieren, die Auftragnehmer und Auftraggeber von vorne herein nur schwer einschätzen können.

Daher sollten die Kosten, die mit der Beschleunigung verbunden sind, zur Vermeidung späterer Streitigkeiten vor der Durchführung vereinbart werden.

> **Hinweis**
>
> Die Einhaltung von Terminen kann über eine Beschleunigungsanordnung (möglicherweise) erreicht werden. Sie ist allerdings aufgrund der möglicherweise immensen Mehrkosten vorab kritisch zu untersuchen und sollte nur im Notfall als steuernde Maßnahme genutzt werden.

---

81   Vgl. Langen/ Schiffers, Rn. 1791.

5.3.5.3   Schadensersatz gemäß § 6 Abs. 6 VOB/B

Der Schadensersatzanspruch aus terminlichen Rückständen setzt voraus, dass der Auftragnehmer sich in Verzug befindet.

> **Hinweis**
> Nimmt der Auftraggeber die Leistung ab, so muss er sich einen etwaigen Anspruch aus Vertragsstrafe gemäß § 12 Abs. 5 Abs. 3 VOB/B bei der Abnahme vorbehalten, da er ansonsten seine Ansprüche verliert.

5.3.5.4   Vertragsstrafe

Befindet sich der Auftragnehmer mit seiner Leistung in Verzug, so kann der Auftraggeber gemäß § 11 Abs. 2 VOB/B die vereinbarte Vertragsstrafe von ihm verlangen.

Ein entsprechender Hinweis an den Kaufmann des Auftragnehmers zeigt in der Praxis oft die gewünschte Wirkung und kann durchaus schon vor dem Eintritt des Verzugs durchgeführt werden – gleiches gilt für den Schadensersatz.

> **Formulierungsvorschlag**
> ... weisen wir vorsorglich darauf hin, dass wir die vereinbarte Vertragsstrafe mit Eintritt des Verzugs geltend machen werden.

Da in der Praxis Schadensersatzansprüche oftmals nur schwierig zu belegen und schwierig durchzusetzen sind, werden Vertragsstrafen vereinbart. Dabei ist zu beachten, dass der Auftraggeber nicht Schadensersatz und Vertragsstrafe gleichzeitig verlangen kann. Vielmehr dient die Vertragsstrafe dazu, den Verzugsschaden des Auftraggebers ohne besonderen Nachweis auszugleichen.

Liegt der tatsächliche Schaden des Auftraggebers über der vereinbarten Vertragsstrafe, so kann er – ohne die Vertragsstrafe geltend zu machen – auch dann Schadensersatz verlangen, wenn eine Vertragsstrafe vereinbart ist.

5.3.5.5 Kündigungsrecht und Beauftragung Dritter gemäß § 8 Abs. 3 VOB/B

Kommt der Auftragnehmer einer Abhilfeaufforderung des Auftraggebers nicht nach, sind die Voraussetzungen des § 5 Abs. 4 VOB/B erfüllt, so dass der Auftraggeber dem Auftragnehmer eine angemessene **Nachfrist unter Kündigungsandrohung** stellen kann.

Sollte der Auftragnehmer diese Frist fruchtlos verstreichen lassen, so hat der Auftraggeber das Recht, ihm den Auftrag zu entziehen und die Arbeiten gemäß § 8 Abs. 3 VOB/B zu Lasten des Auftragnehmers durch einen Dritten ausführen zu lassen.[82]

> **Hinweis**
>
> Die Kündigung nach Verstreichen der Nachfrist muss unverzüglich ausgesprochen werden.
>
> Eine Kündigung erst eine Woche nach Ablauf der Frist kann möglicherweise als freie Kündigung im Sinne des § 8 Nr. 1 Abs. 1 VOB/B verstanden werden – mit den entsprechenden finanziellen Folgen.

Erst nach der Kündigung des Auftragnehmers darf ein Dritter mit der Fertigstellung der Arbeiten beauftragt werden, der möglichst nahtlos die Ausführung übernimmt.

Weil das ist in der Praxis allerdings nicht leicht ist, kann – zumindest bei Auftraggebern, die nicht an die VgV gebunden sind – mit dem zweitgünstigsten Bieter eine längere Bindefrist vereinbart werden, so dass dieser im Falle einer Kündigung einspringen kann.

> **Hinweis**
>
> Es kommt in der Praxis immer wieder vor, dass gekündigte Auftragnehmer ihre Nachunternehmer nicht von der Kündigung in Kenntnis setzen und diese weiterhin auf der Baustelle tätig sind. In diesem Fall macht sich der Auftraggeber schadensersatzpflichtig, wenn er die Nachunternehmer nicht informiert.[83]
>
> Es ist daher ratsam, die Nachunternehmer schriftlich über die Kündigung zu informieren.

---

82 Vgl. Langen/ Schiffers, Rn. 1808 ff.
83 Vgl. Kapellmann/Langen, Rn. 144.

5.3.6 Praktische Möglichkeiten des Eingriffs

Neben den zuvor geschilderten Möglichkeiten gegen renitente Auftragnehmer vorzugehen, wird der Bauleiter in der Praxis bemüht sein, im Einvernehmen mit den ausführenden Unternehmen Lösungen zu finden, die eine Anpassung der Terminplanung während der Bauausführung ermöglichen.

5.3.6.1 Überlappen von Vorgängen

Die Bauzeit lässt sich verkürzen, indem man die Baumaßnahme in Bauabschnitte einteilt. Sollte sich während des Bauablaufs herausstellen, dass die vorgesehene Ausführungsdauer nicht eingehalten werden kann, so kann durch eine weitere Unterteilung der Bauabschnitte und Überlappung von Vorgängen steuernd eingegriffen werden.

Allerdings bringt eine größere Anzahl an Bauabschnitten unweigerlich einen höheren Koordinationsaufwand für den Bauleiter mit sich. Je mehr Bauabschnitte es gibt, desto mehr Schnittstellen müssen koordiniert werden und umso anfälliger wird das Terminplanungsgeflecht.

Es empfiehlt sich für die Bauleitung sorgfältig abzuwägen, inwieweit die Unterteilung des Bauvorhabens in kleinere Bauabschnitte sinnvoll und für den Auftragnehmer zumutbar bzw. realisierbar ist. Wesentliches Kriterium ist hier die Leistungsfähigkeit des Auftragnehmers.

> **Beispiel**
>
> Einem Fliesenleger, der nur fünf Arbeitskräfte beschäftigt, kann wohl kaum zugemutet werden, in drei Bauabschnitten gleichzeitig tätig zu sein.

Das zuvor Besprochene ist nicht im Sinne eines Diktates gegenüber den Auftragnehmern zu verstehen. Vielmehr kann die Änderung des vertraglich vereinbarten Termingeflechtes in der Regel nur in Absprache mit Auftragnehmern erfolgen, die jedoch in der Praxis durchaus zu derartigen Änderungen bereit sind.

5.3.6.2 Abrufen der Leistung nach § 5 Abs. 2 VOB/B

Ist kein fester Ausführungsbeginn vereinbart, so hat der Auftraggeber nach § 5 Abs. 2 VOB/B das Recht, die Leistung abzurufen.

> **Hinweis**
>
> Es ist oftmals sinnvoll, die Ausführungsdauer für einen Bauabschnitt vertraglich zu vereinbaren und die Leistungen dann entsprechend abzurufen, weil es gerade im Ausbau zum Zeitpunkt der Ausschreibung nicht möglich ist, Kalenderfristen vorzugeben, die realistisch sind.

Der Auftragnehmer muss dann innerhalb von 12 Werktagen mit der Ausführung der Leistung beginnen und dies dem Auftraggeber anzeigen.

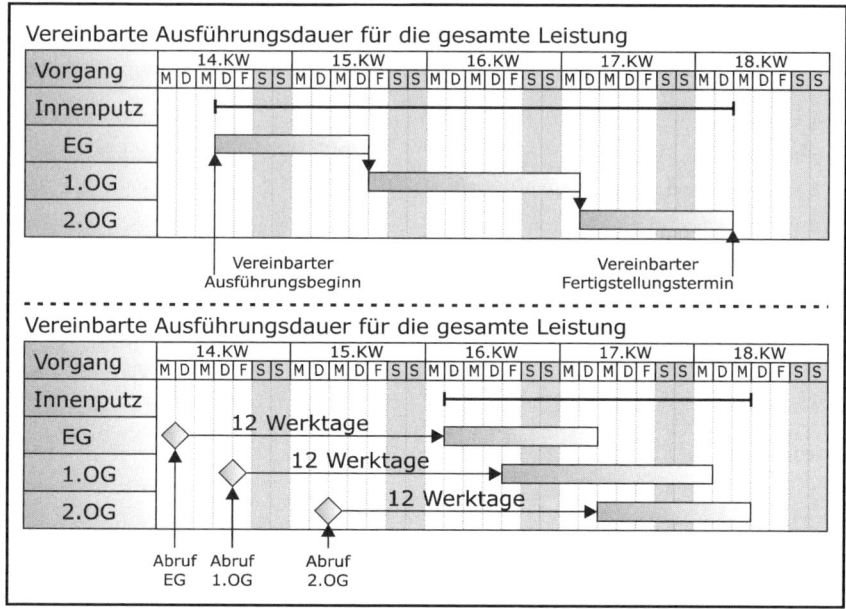

Abbildung 72: Möglichkeiten der Vereinbarung von Ausführungsterminen

Der Auftraggeber hat dadurch den Vorteil, dass er die einzelnen Teilleistungen des Auftragnehmers nach seinen Bedürfnissen takten kann. Er kann beispielsweise die Leistungen so abrufen, dass sich einzelne Teilvorgänge überlappen und somit die Ausführungsdauer beträchtlich verkürzt wird (vgl. Abb. 72).

Dabei ist allerdings zu berücksichtigen, dass die Taktung der einzelnen Leistungsabrufe realistisch bleiben muss, damit der Auftragnehmer nicht überlastet wird. Denn zum einen sind die auftragnehmerseitigen Ressourcen begrenzt und zum anderen ist auch die Anzahl an Arbeitskräften begrenzt, die gleichzeitig ohne sich gegenseitig zu behindern, auf der Baustelle arbeiten können.

5.3.6.3 Änderung der Abfolge

Der vorgegebene Bauablauf kann sich aus einer zur Errichtung des Bauobjekts zwingend notwendigen Abfolge von Vorgängen ergeben. Ist der Bauablauf jedoch teilweise willkürlich gewählt und veränderbar, so kann dies ein Steuerungsinstrument bei Terminabweichungen darstellen.

Eine **Änderung der Abfolge** kann sich sowohl auf einzelne Vorgänge als auch auf ganze Bauabschnitte beziehen. Sofern lediglich eine Umstellung der Reihenfolge vorgesehen ist, ist diese Umstellung zur Vermeidung von Behinderungen gemäß § 6 Abs. 3 VOB/B durchsetzbar, wenn dem Auftragnehmer dadurch keine zusätzlichen Kosten entstehen.

Das **Vorziehen einzelner Vorgänge** gibt den ausführenden Unternehmen unter Umständen die Möglichkeit, weiter auf der Baustelle tätig zu sein und Leerlauf zu vermeiden. Die Möglichkeiten sind im Einzelfall zu untersuchen.

> **Beispiel**
>
> Die Tapezierarbeiten im Abschnitt B können aufgrund von – aus welchen Gründen auch immer – längeren Trocknungszeiten des Wandputzes nicht durchgeführt werden. Der Auftragnehmer beginnt stattdessen in Abschnitt A mit den Arbeiten.

Das Vorziehen einzelner Bauabschnitte kann dem Auftraggeber zudem die Möglichkeit eröffnen – trotz weiter laufender Bauarbeiten – einzelne Bereiche bereits zu nutzen.

5.3.6.4 Änderung des Bauverfahrens

Eine weitere Möglichkeit der Terminsteuerung ist die Änderung des Bauverfahrens. Wie bereits erläutert, wird die Dauer der Baudurchführung maßgeblich durch die angewandten Bauverfahren bestimmt. Treten während der Ausführungsphase Verzögerungen auf, die eine Einhaltung des Fertigstellungstermins gefährden oder sogar unmöglich machen, so kann dies unter Umständen durch Einsatz anderer Bauverfahren verhindert werden.

> **Beispiel:**
>
> Der Auftraggeber entscheidet, anstelle des geplanten Zementestrichs einen Gussasphaltestrich ausführen zu lassen, der nahezu keine Aushärtungs- und Trocknungszeiten aufweist.
>
> Die nachfolgenden Arbeiten im betreffenden Bauabschnitt können so früher begonnen werden.

Welches Bauverfahren zur Ausführung kommt, hängt in der Regel neben der Ausführungsdauer auch von den Kosten ab. Deshalb ist vor der Änderung des Bauverfahrens die Kostenermittlung dahin gehend zu überprüfen, ob das zumeist kostenintensivere, schnellere Bauverfahren finanziell tragbar ist.

5.3.6.5 Änderung des Entwurfs

Ist die Verzögerung durch keine der vorgenannten Steuerungsmaßnahmen zu korrigieren, so hat der Auftraggeber die Möglichkeit, den Entwurf anzupassen, um so Zeit einzusparen.

Die Entwurfsänderung kann sowohl die Geometrie des Gebäudes als auch die Größe des zu errichtenden Objekts betreffen. Die daraus erzielten Zeitvorteile stehen allerdings der geringeren Attraktivität bzw. Exklusivität des vorherigen Entwurfs gegenüber.

Zudem ist eine Entwurfsänderung in der Regel nur in der frühen Phase der Bauausführung überhaupt möglich, weil mit zunehmender Bauausführung Fakten geschaffen werden, die wesentliche Änderungen unmöglich machen.

Beispiel

Der Auftraggeber verzichtet bei seinem Bürogebäude auf zwei Achsen.

Aus diesem Grunde ist die Abänderung des Entwurfs zu Gunsten der Einhaltung von Vertragsterminen eher kritisch zu betrachten. Diese Terminsteuerungsmaßnahme wird zur Terminsteuerung in der Praxis eher selten angewandt.

6 Abnahme

6.1 Wirkung und Folgen der Abnahme

Mit der Abnahme

- geht die Gefahrtragung auf den Auftraggeber über,
- kehrt sich die Beweislast um,
- beginnt die Gewährleistungsphase und
- wird der Werklohn – mit Ausnahme des Anspruchs auf Abschlagszahlungen – fällig.

Mit der Abnahme geht die **Gefahrtragung** auf den Auftraggeber über. Wird die zu erbringende Leistung im Bauprozess, also vor der Abnahme, zerstört oder beschädigt, muss der Auftragnehmer sie auf seine Kosten neu erbringen. Im Gegensatz dazu muss er sie nach der Abnahme nicht neu erstellen, kann aber den vollen Werklohn einfordern.

In der Frage der Qualität kommt es nach der Abnahme zur **Beweislastumkehr**. Vor der Abnahme liegt die Beweislast bezüglich der Mangelfreiheit der ausgeführten Leistung beim Auftragnehmer. Nach der Abnahme muss der Auftraggeber das Vorhandensein eines Mangels beweisen.

Zum Zeitpunkt der Abnahme beginnt die **Gewährleistungsphase**.

6.2 Arten der Abnahme

6.2.1 Formlose Abnahme

Die **formlose Abnahme** nach § 12 Abs. 1 VOB/B ist innerhalb von 12 Werktagen durchzuführen, wenn der Auftragnehmer dies verlangt. Diese Form der Abnahme ist an keine formalen Vorschriften gebunden.

Führt der Auftraggeber die Abnahme nicht fristgerecht durch, so erwachsen dem Auftragnehmer entsprechenden Ansprüche aus dem Gläubigerverzug des Auftraggebers, die u.a. dazu führen, dass der Auftragnehmer nur noch bei Vorsatz und grober Fahrlässigkeit haftet.[84]

6.2.2 Förmliche Abnahme

Die **förmliche Abnahme** ist bei VOB-Verträgen gemäß § 12 Abs. 4 VOB auf Verlangen einer Vertragspartei durchzuführen.

Beide Seiten sind berechtigt, auf ihre Kosten einen Sachverständigen hinzuzuziehen. Festgestellte Mängel sowie Vorbehalte einer Vertragsstrafe werden protokolliert.

Im Hinblick auf die einzelnen Folgen ist zu beachten, dass die Aufnahme von Mängeln oder der Vertragsstrafe im Protokoll nicht zum Anerkenntnis derselben durch den Auftragnehmer führt, selbst dann nicht wenn er das Protokoll vorbehaltlos unterschreibt; das Protokoll dient zunächst der objektiven Dokumentation des Sachverhaltes, der zumeist auch später noch objektiviert werden kann.

6.2.3 Stillschweigende Abnahme

Eine **stillschweigende Abnahme** liegt vor, wenn der Auftraggeber sich so verhält, dass er zu erkennen gibt, dass er die Leistung als vertragsgerecht anerkennt.

> **Beispiel**
> Anstandslose Bezahlung der Schlussrechnung.

---

84 Vgl. Kapellmann/Langen, Rn. 158.

6.2.4 Fiktive Abnahme

Die fiktive Abnahme ist in § 12 Abs. 5 VOB/B geregelt, der hierfür zwei Fälle vorsieht:

- Die Leistung gilt nach § 12 Abs. 5 Nr. 1 VOB/B nach Ablauf von 12 Werktagen nach schriftlicher Mitteilung über die Fertigstellung als abgenommen.
- Wird die Leistung in Benutzung genommen, so gilt sie nach § 12 Abs. 5 Nr. 2 VOB/B mit Ablauf von 6 Werktagen als abgenommen.

Der Auftraggeber kann den Eintritt der Abnahme innerhalb der vor bezeichneten Fristen verweigern, in dem er beispielsweise dem Auftragnehmer mitteilt, dass eine etwaige Benutzung nur zur Vermeidung weitergehender Schäden und unter Protest erfolgt.

Die fiktiver Abnahme kann vertraglich ausgeschlossen werden, um das Risiko einer „zufälligen" Abnahme für den Auftraggeber auszuschließen.

6.2.5 Echte Teilabnahme

Bei der echten Teilabnahme nach § 12 Abs. 2 VOB/B werden in sich abgeschlossene Teile der Leistung gesondert abgenommen. Die Wirkung der Abnahme bezieht sich dann auf diesen Teil der Leistung.

Beachtlich ist, dass unter in sich abgeschlossenen Teilen der Leistung eigenständig funktionierende Teile der Leistung zu verstehen sind.

> **Beispiel**
>
> Ein Geschoß im Rohbau ist kein abgeschlossener Teil der Leistung – eine vom Rohbauunternehmen erstellte und bereits nutzbare Baustraße hingegen schon.

Die Abnahme kann dabei in den zuvor beschriebenen Formen (ausdrückliche Abnahme, förmliche Abnahme etc.) erfolgen.

6.2.6 Technische Abnahme

Bei der technischen Abnahme nach § 4 Abs. 10 VOB/B wird der Zustand von Teile der Leistung, die durch die Fortführung der Arbeiten der weiteren Kontrolle entzogen werden, zusammen mit dem Auftragnehmer festgestellt und dokumentiert.

Dabei handelt es sich nicht um eine Abnahme im Sinne des § 12 VOB/B. Die Wirkungen einer Abnahme treten – mit Ausnahme der Beweislastumkehr bei Mängeln – nicht ein.

6.3 Durchführung der Abnahme

Durch seine baubegleitenden Qualitätskontrollen hat der Bauleiter zum Zeitpunkt der Abnahmen bereits einen genauen Überblick über die im der Leistung des Auftragnehmers vorhandene Mängel. Die entsprechenden Mängellisten können als Basis für die Dokumentation der festgestellten Mängel dienen.

Es ist erforderlich die gesamte Leistung des Auftragnehmers systematisch – z.b. raumweise – in Augenschein zu nehmen und entsprechende Feststellungen zu dokumentieren, weil der Auftraggeber das Recht auf Nachbesserung und Minderung der Mängel verliert, die er sich nicht vorbehalten hat.[85]

Bei „kleineren" Vergabeeinheiten, deren Leistungen der Bauleiter bei seinen Qualitätskontrollen bereits als vertragsgerecht erkannt hat, kann nach Auffassung des Autors auf eine erneute Überprüfung durch den Bauleiter verzichtet werden und die Abnahme ohne Ortstermin ausgesprochen werden, wenn klar ist, dass die Leistung vertragsgerecht ist.

6.4 Verweigerung der Abnahme

Die Abnahme kann gemäß § 12 Abs.3 VOB/B nur wegen wesentlicher Mängel verweigert werden. Ein wesentlicher Mängel liegt vor, wenn

- dem Werk die zugesicherten Eigenschaften fehlen,
- das Werk nicht den anerkannten Regeln der Technik entspricht oder
- die Gebrauchstauglichkeit erheblich eingeschränkt oder sogar aufgehoben ist.[86]

Wegen unwesentlicher Mängel kann die Abnahme nur verweigert werden, wenn eine Vielzahl unwesentlicher Mängel vorliegt.

---

85 Vgl. Kapelmann/Langen Rdn 183
86 Vgl. Ingenstau/Korbion § 12 Nr.3 VOB/B Rn. 2.

F Objektbetreuung und Dokumentation

1   Gewährleistungsansprüche

Nach der Abnahme der Bauleistungen beginnt die Gewährleistungsphase mit den Gewährleistungfristen des § 13 VOB/B sofern nichts anderes vertraglich vereinbart ist. **Die Regelfrist beträgt 4 Jahre** nach § 13 Abs. 4 Nr. 1 VOB/B.

Bei **maschinellen oder elektrotechnische/elektronischen Anlagen** beträgt die Gewährleistungfrist nach § 13 Abs. 4 Nr. 2 VOB/B für den Fall, dass der Auftraggeber die Wartung an einen Dritten überträgt, 1 Jahr.

Für **Arbeiten an einem Grundstück** und für die vom **Feuer berührten Teile von Feuerungsanlagen** sieht § 13 Abs. 4 Nr. 1 eine Gewährleistungfrist von einem Jahr vor.

Das Ende der Gewährleistungsfristen der einzelnen Auftragnehmer fällt wegen der unterschiedlichen Abnahmezeitpunkte auseinander.

Ratsam ist eine Besichtigung des Bauwerks mit ausreichendem Vorlauf **vor dem Ablaufen der ersten Gewährleistungfrist**.

Die Aufforderung zur Mängelbeseitigung kann wie in Musterschreiben 5 erfolgen.

201

Auftragnehmer
Musterstraße 12

45654 Musterstadt

25.11.2010

Neubau Altenheim, Residenzstr. 23, 45654 Musterstadt
hier: Gewährleistungsanspruch § 13 Abs. 5 Nr. 1 VOB/B

Sehr geehrte Damen und Herren,

ich haben festgestellt, dass die von Ihnen am vorbezeichneten Bauvorhaben ausgeführten Leistungen Mängel aufweisen.

Sie erhalten eine detaillierte Aufstellung als Anlage mit der Aufforderung, die Mängel bis spätestens 15.12.2010 zu beseitigen.

Die Erledigung Ihrer Arbeiten zeigen Sie mir bitte kurz schriftlich an.

Mit freundlichen Grüßen

Karl Bauleiter

Musterschreiben 5: Aufforderung zur Beseitigung von Mängeln in der Gewährleistungsphase

2 Auswertung der vorliegenden Projektdaten

Leistungsverzeichnis

LV	**Trockenbauarbeiten**
13	GEWERK Trockenbauarbeiten
13.01	TITEL Trockenbauwand Typ A

Nr. / Art	Text / Menge / Einheit	Einheitspreis (EP)	Gesamtpreis (GP)
01 TITEL	**Trockenbauwand Typ A**		**35.000**
13.01.0100	**Ständerwerk**		
	500 m²	50.00	25.000
13.01.0200	**Zulage Wandanschlüsse**		
	40 m	10.00	400

Der Kennwert für das Bauelement TB-Wand Typ A beträgt:

$$\frac{35.000}{500} = 70 \ \text{EUR/ m}^2$$

Abbildung 73: Auswertung der Abrechnungen zu Kennwerten

2.1 Auswertung der Kosten

Sofern die **Gliederung der Leistungsverzeichnisse** in den Titel den Bauelementen entspricht, ermöglicht dies ein einfaches und zuverlässige Ermitteln von Kostenkennwerten, in dem der Quotient aus Gesamtpreis und (Leit-)Menge gebildet wird.

Die so ermittelten Kennwerte beinhalten alle zum Bauelement zugehörigen Leistungen. Der Vorteil ist, dass man Werte erhält, die den Besonderheiten der eigenen Projekte entsprechen und damit in der Praxis zuverlässiger sind, als die der einschlägigen Kostenermittlungsliteratur.

Wählt man eine andere LV-Struktur (z.B. LV-Titel Trockenbauwand), durchmischen sich die Leistungen der Bauelemente und machen eine spätere Zuordnung der Kosten zu den Bauelementen unmöglich (vgl. Abb. 73).

2.2 Auswertung der Termine

Für zukünftige Bauvorhaben und die dafür zu erstellende Terminplanung stellt die Auswertung von vergangenen Projekten eine wesentliche Grundlage dar.

Die Schwierigkeit bei der Verwendung fremder Aufwandswerte besteht darin, solche zu finden, die exakt auf das eigene Bauobjekt zutreffen. Aufwandswerten fehlt beispielsweise oft der Bezug zum Einbauort. An Hand von eigenen Erfahrungswerte kann der Bauleiter prüfen, ob die Aufwandswerte einschlägiger Literatur sich auf die eigenen Projekten anwenden lassen.

> **Beispiel**
>
> Es sollen Parkettarbeiten in einem Zimmer mit rundem Grundriss durchgeführt werden.
>
> Die Aufwandswerte für rechteckige Grundrisse sind offensichtlich nur bedingt geeignet, weil das Anarbeiten an die runde Raumgeometrie wesentlich mehr Zeit in Anspruch nimmt.

Diese Problematik ist darin begründet, dass jedes Bauvorhaben seine eigenen Randbedingungen aufweist, die die Ausführungsdauer mitunter stark beeinflussen, beispielsweise

- der Umfang der Fertigungsmengen,
- die konkreten Qualitäten und Detailausführungen,
- Raumgeometrien und
- die Fachkunde des ausführenden Auftragnehmers.

Das Aufarbeiten eigener Erfahrungswerte und deren Dokumentation stellt somit ein wichtiges Instrument dar, verlässliche Informationen für die Terminplanung zukünftiger Projekte zu generieren.

Zu diesem Zwecke ist es ratsam nach Abschluss einer Baumaßnahme im Nachgang eine Auflistung aller relevanten Einflussgrößen für diverse Bauelemente zu erstellen. Da diese Form der Dokumentation zeitaufwändig ist, wird sich der Bauleiter auf maßgebliche Arbeiten beschränken, die auch in zukünftigen Bauvorhaben so oder so ähnlich zu erwarten sind.

Umfang und Detaillierungsgrad der Auswertung liegen im Ermessen des Bauleiters. Allerdings sollte die Auswertung in jedem Fall auf dem Bautagebuch und den Abrechnungsmengen basieren, um möglichst verlässliche Daten zu erhalten.

Die Ermittlung erfolgt analog zu den Kostenkennwerten durch Quotientenbildung aus Stundenanfall und (Leit-) Mengen eines Bauelements.

Anhang

**1 Vergabe- und Vertragsordnung für Bauleistungen (VOB),
Teil B: Allgemeine Vertragsbedingungen für die Ausführung von
Bauleistungen, Liste der Paragraphen**

§ 1 Art und Umfang der Leistung

§ 2 Vergütung

§ 3 Ausführungsunterlagen

§ 4 Ausführung

§ 5 Ausführungsfristen

§ 6 Behinderung und Unterbrechung der Ausführung

§ 7 Verteilung der Gefahr

§ 8 Kündigung durch den Auftraggeber

§ 9 Kündigung durch den Auftragnehmer

§ 10 Haftung der Vertragsparteien

§ 11 Vertragsstrafe

§ 12 Abnahme

§ 13 Mängelansprüche

§ 14 Abrechnung

§ 15 Stundenlohnarbeiten

§ 16 Zahlung

§ 17 Sicherheitsleistung

§ 18 Streitigkeiten

2 Vergabe- und Vertragsordnung für Bauleistungen (VOB), Teil C: Allgemeine Technische Vertragsbedingungen für Bauleistungen (ATV), Liste der Normen

DIN 18300 Erdarbeiten

DIN 18301 Bohrarbeiten

DIN 18302 Arbeiten zum Ausbau von Bohrungen

DIN 18303 Verbauarbeiten

DIN 18304 Ramm-, Rüttel- und Pressarbeiten

DIN 18305 Wasserhaltungsarbeiten

DIN 18306 Entwässerungskanalarbeiten

DIN 18307 Druckrohrleitungsarbeiten außerhalb von Gebäuden

DIN 18308 Drän- und Versickerarbeiten

DIN 18309 Einpressarbeiten

DIN 18311 Nassbaggerarbeiten

DIN 18312 Untertagebauarbeiten

DIN 18313 Schlitzwandarbeiten mit stützenden Flüssigkeiten

DIN 18314 Spritzbetonarbeiten

DIN 18315 Verkehrswegebauarbeiten - Oberbauschichten ohne Bindemittel

DIN 18316 Verkehrswegebauarbeiten - Oberbauschichten mit hydraulischen Bindemitteln

DIN 18317 Verkehrswegebauarbeiten - Oberbauschichten aus Asphalt

DIN 18318 Verkehrswegebauarbeiten - Pflasterdecken und Plattenbeläge in ungebundener Ausführung, Einfassungen

DIN 18319 Rohrvortriebsarbeiten

DIN 18320 Landschaftsbauarbeiten

DIN 18321 Düsenstrahlarbeiten

DIN 18322 Kabelleitungstiefbauarbeiten

DIN 18325 Gleisbauarbeiten

DIN 18330 Mauerarbeiten

DIN 18331 Betonarbeiten

DIN 18332 Naturwerksteinarbeiten

DIN 18333 Betonwerksteinarbeiten

DIN 18334 Zimmer- und Holzbauarbeiten

DIN 18335 Stahlbauarbeiten

DIN 18336 Abdichtungsarbeiten

DIN 18338 Dachdeckungs- und Dachabdichtungsarbeiten

DIN 18339 Klempnerarbeiten

DIN 18340 Trockenbauarbeiten

DIN 18345 Wärmedämm-Verbundsysteme

DIN 18349 Betonerhaltungsarbeiten

DIN 18350 Putz- und Stuckarbeiten

DIN 18351 Vorgehängte hinterlüftete Fassaden

DIN 18352 Fliesen- und Plattenarbeiten

DIN 18353 Estricharbeiten

DIN 18354 Gussasphaltarbeiten

DIN 18355 Tischlerarbeiten

DIN 18356 Parkettarbeiten

DIN 18357 Beschlagarbeiten

DIN 18358 Rollladenarbeiten

DIN 18360 Metallbauarbeiten

DIN 18361 Verglasungsarbeiten

DIN 18363 Maler- und Lackiererarbeiten - Beschichtungen

DIN 18364 Korrosionsschutzarbeiten an Stahlbauten

DIN 18365 Bodenbelagsarbeiten

DIN 18366 Tapezierarbeiten

DIN 18367 Holzpflasterarbeiten

DIN 18379 Raumlufttechnische Anlagen

DIN 18380 Heizanlagen und zentrale Wassererwärmungsanlagen

DIN 18381 Gas-, Wasser- und Entwässerungsanlagen innerhalb
von Gebäuden

DIN 18382 Nieder- und Mittelspannungsanlagen mit Nennspannungen
bis 36 kV

DIN 18384 Blitzschutzanlagen

DIN 18385 Förderanlagen, Aufzugsanlagen, Fahrtreppen und Fahrsteige

DIN 18386 Gebäudeautomation

DIN 18421 Dämm- und Brandschutzarbeiten an technischen Anlagen

DIN 18451 Gerüstarbeiten

DIN 18459 Abbruch- und Rückbauarbeiten

3 Liste wesentlicher Aufwandswerte

DIN 18...	Bezeichnung des Leistungsbereiches/ Bauelements	AW	Einheit	Quelle[87]
300	**Erdarbeiten**			
a	Aushub Baugrube, z.B. Radlader bis 0,4m³, in Kl.4, lösen, laden, abfahren, deponieren	0,04	h/m³	Plümecke
b	Aushub Einzelfundamente, von Hand, Kl.4, bis 0,80m	2,05	h/m³	Plümecke
c	Aushub Einzelfundamente, bis 1,0m², in Kl.4, Bagger bis 0,40m³, mit Abfuhr	0,21	h/m³	Plümecke
330	**Mauerarbeiten**			
a	Außenwand (tragend), z.B. KS 1,6-2DF, d= 30cm	1,51	h/m²	Plümecke
b	Außenwand (Vormauerschale), Läuferverband, 2DF ohne Kran	1,55	h/m²	Plümecke
c	Innenwand, z.B. Ziegel, d=11,5cm, Mz 1,8-2DF	0,95	h/m²	Plümecke
d	Pfeiler (tragend), z.B. Ziegel, 24/24cm, 2DF	1,06	h/m	Plümecke
331	**Betonarbeiten**			
a	Sauberkeitsschicht, z.B. Ortbeton C8/10, unbewehrt, d=5cm	0,20	h/m²	Fleischmann/ Hemmerich
b	Bodenplatte (Ortbeton), z.B. C12/15, ,bewehrt, d=20cm	2,01	h/m²	Fleischmann/ Hemmerich
c	Decke (Ortbeton), z.B. C20/25, bewehrt, d=20cm	1,59	h/m²	Fleischmann/ Hemmerich
d	Decke (Filigran) + Ortbeton C20/25, bewehrt,d=20cm	0,83	h/m²	Fleischmann/ Hemmerich
e	Decke (Fertigteil), z.B. vorgefertigte Porenbetonplatten, a=3,0m	0,93	h/m²	Fleischmann/ Hemmerich
f	Einzelfundament (Ortbeton), z.B.100/100/80cm	5,43	h/St	Plümecke
g	Einzelfundament (Fertigteil), z.B. Köcher für Stützen bis 40/40cm	2,50	h/St	Fleischmann/ Hemmerich
h	Treppe (Ortbeton), z.B. C20/25 bis d=12cm	3,00	h/St	Fleischmann/ Hemmerich
i	Wand (Ortbeton), z.B. d=20cm	2,40	h/m²	Fleischmann/ Hemmerich
j	Stütze (Fertigteil), z.B. 40/40cm, l=6,00m	3,50	h/St	Fleischmann/ Hemmerich
332	**Naturwerksteinarbeiten**			
a	Bodenbelag, im Dünnbett, z.B. Format: 30 x 30 cm, d = 10 mm	0,93	h/m²	Sirados
b	Bodenbelag, im Dickbett	0,5-1,2	h/m²	Schwarz
c	Wandbekleidung	1,1-1,4	h/m²	Schwarz
d	Sockelleisten	0,35	h/m	Schwarz
e	Treppenbelag	0,40	h/m	Schwarz

---

87 Für nähere Angaben wird auf die entsprechenden Quellen verwiesen, die im Literaturverzeichnis aufgeführt sind.

DIN 18...	Bezeichnung des Leistungsbereiches/ Bauelements	AW	Einheit	Quelle
333	**Betonwerksteinarbeiten**			
a	Bodenbelag, im Dünnbett, z.B. Format: 30 x 30 cm, d = 10 mm	0,93	h/m²	Schwarz
b	Bodenbelag, im Dickbett	0,5-1,2	h/m²	Schwarz
b	Wandbekleidung	1,1-1,4	h/m²	Schwarz
e	Sockelleisten	0,35	h/m	Schwarz
f	Treppenbelag	0,40	h/m	Schwarz
334	**Zimmer- und Holzbauarbeiten**			
a	Sparrendach, Neigung 10-55°, Spannweite bis 10m, inkl. Abbinden und Aufstellen (je Meter Sparren)	0,16	h/m	Plümecke
b	Treppe, z.B. Wangentreppe, Buche, eingestemmt, b=1,00m, Stg. 17/29cm	4,70	h/St	Plümecke
336	**Abdichtungsarbeiten**			
a	Abdichtung Bodenplatte	0,32	h/m²	Sirados
b	Abdichtung Außenwandflächen inkl. Voranstrich	0,37	h/m²	Sirados
338	**Dachdeckungs- und Dachabdichtungsarbeiten**			
a	Flachdach (Kies), kompl. Warmdachaufbau	0,57	h/m²	Sirados
b	Schrägdach (Biberschwanz), kompl. Dachaufbau	1,15	h/m²	Sirados
c	Schrägdach (Reet), kompl. Dachaufbau	2,80	h/m²	Sirados
d	Dachflächenfenster (Schwingflügel)	3,00	h/St	Sirados
e	Außenwandbekleidung mit Schiefer	0,69	h/m²	Sirados
339	**Klempnerarbeiten**			
a	Metall-Fassadenbekleidung, Winkelstehfalz auf vorh. Schalung	1,30	h/m²	Sirados
b	Metall-Dachdeckung, Doppelstehfalz	1,35	h/m²	Sirados
c	Brustblech, Dachgauben	0,35	h/m	Sirados
340	**Trockenbauarbeiten**			
a	Trockenestrich, z.B Fa. Knauf TUB F145, d= 25mm, mehrlagig verlegt, auf MW-Trittschalldämmung d=20mm	0,48	h/m²	Knauf
b	Doppel-, Hohlraumböden	0,38	h/m²	Sirados
c	Trennwände 1.Seite, einlagig (75%)	0,75	h/m²	Plümecke
d	Trennwände 2.Seite, einlagig (25%)	0,25	h/m²	Plümecke
e	Trennwände aufstellen und einseitig verkleiden (75%), zweilagig	0,94	h/m²	Plümecke
f	Trennwände schließen (25%), zweilagig	0,31	h/m²	Plümecke
g	Vorsatzschalen o. Ä.	0,80	h/m²	Plümecke
h	Abgehängte Decke	0,65	h/m²	Plümecke

DIN 18...	Bezeichnung des Leistungsbereiches/ Bauelements	AW	Ein- heit	Quelle
345	**Wärmedämm-Verbundsysteme**			
	WDVS bis 8m, MW 140, min. Oberputz	1,11	h/m²	Sirados
350	**Putz- und Stuckarbeiten**			
a	Wärmedämmputz (Wand) inkl. Grundierung, U.+O.-Putz, 50mm	0,65	h/m²	Sirados
b	Außenputz (Wand) inkl. Grundierung, U.+O.-Putz (Kz)	0,63	h/m²	Sirados
c	Außenputz (Decken)inkl. Haftbrücke U.+O.-Putz (Kz)	0,73	h/m²	Sirados
d	Wandputz (Innen)	0,33	h/m²	Plümecke
e	Deckenputz (Innen)	0,43	h/m²	Plümecke
f	Innenputz (Stützen)	0,48	h/m²	Plümecke
g	Ausgleichen von unebenen Untergründen	0,18	h/m²	Sirados
352	**Fliesen- und Plattenarbeiten**			
a	Bodenbelag, im Dünnbett, z.B. glasiert, 15/15	1,00	h/m²	Sirados
b	Bodenbelag, im Dickbett, z.B. glasiert, 20/20	1,50	h/m²	Sirados
c	Wandbekl., im Dünnbett, z.B. uni, 15/15	1,20	h/m²	Sirados
d	Wandbekleidung im Dickbett	1,47	h/m²	Sirados
e	Sockelleisten	0,35	h/m	Sirados
353	**Estricharbeiten**			
a	Zementestrich, z.B. C20, 45mm, MW-TSD15, EPS 15	0,42	h/m²	Sirados
b	Calciumsulfatestrich, z.B auf MW-TSD 20mm	0,30	h/m	Sirados
c	Heizestrich, z.B. A, Zem.,S70-H45, MW30-3, EPS40	0,52	h/m²	Sirados
354	**Gussasphaltarbeiten**			
a	Gussasphaltestrich, z.B. 25mm, MW-TSD 15mm	0,35	h/m²	Sirados
b	Gussasphaltestrich auf Trennschicht, z.B. IC 15, 25mm	0,30	h/m²	Sirados
c	Gussasphalt-Verbundestrich, z.B. IC 15, 25mm	0,25	h/m²	Sirados
355	**Tischlerarbeiten**			
a	Zargen aus Holz, z.B. Spanpl.furn.,Eiche, 1v000/2000/270mm	1,60	h/St	Sirados
b	Zargen aus Metall, z.B. Stahlumfassungszarge, 1000/2000/270mm	0,75	h/St	Sirados
c	Außentüren aus Holz	3,16-4,50	h/St	Sirados
d	Holzglastrennwände, z.B ein Element, 2250/2750mm	1,50	h/St	Sirados
e	Fensterbänke, innen	0,40	h/m	Sirados
f	Holzfenster			Sirados
g	Holztürblätter, z.B. lackbeschichtet, 985/1985mm	0,70	h/St	Sirados
h	Möblierung, z.B. komplette Einbauküche aus Holz, b=2700mm	16,00	h/St	Sirados

DIN 18...	Bezeichnung des Leistungsbereiches/ Bauelements	AW	Einheit	Quelle
356	**Parkettarbeiten**			
a	Bodenbelag, z.B. Stabparkett, Komplettaufbau, oberflächenbehandelt	1,74	h/m²	Sirados
b	Fußleisten, z.B. Eiche lackiert, 18/80mm	0,15	h/m	Sirados
c	Schleifen/ Oberflächenbehandlung	0,20-0,26	h/m²	Sirados
358	**Rolladenarbeiten**			
a	Rolläden, z.B. Leichtmetall, 1125/1250mm	1,50	h/St	Sirados
b	Außenraffstore-Anlage, z.B. Alu, 2160/1900mm	1,80	h/St	Sirados
c	Innenjalousien, z.B. Alu, waager. Lamellen	0,80	h/m²	Sirados
363	**Maler- und Lackierarbeiten**			
a	Innenanstrich, auf Putz, inkl. Vorber., Grund- und Schlussanstrich	0,28-0,50	h/m²	Schwarz
b	Innenanstrich, auf Holz, inkl. Vor-, Zwischen- und Schlussanstrich	0,34-0,70	h/m²	Schwarz
c	Aussenanstrich, auf Putz, inkl. Vorber., Grund- und Schlussanstrich	0,20-0,37	h/m²	Schwarz
d	Heizkörper lackieren, Zwischen- und Schlussanstrich, Heizkörperlack	0,13-0,38	h/m²	Schwarz
e	Türblätter lackieren, Zwischen- und Schlussanstrich, Kunstharzlack	0,30-0,58	h/m²	Schwarz
f	Lackierung Türzargen, Zwischen- und Schlussanstrich, Kunstharzlack	0,33-0,83	h/m²	Schwarz
365	**Bodenbelagsarbeiten**			
a	Linoleum/PVC-Bodenbeläge	0,40-0,55	h/m²	Schwarz
b	Teppich-Bodenbeläge	0,20-0,50	h/m²	Schwarz
c	Nadelfilz-Bodenbeläge	0,16	h/m²	Schwarz
d	Fußleisten	0,03-0,20	h/m	Schwarz
e	Treppenbeläge	0,60	h/m²	Schwarz
366	**Tapezierarbeiten**			
a	Rauhfasertapete	0,12-0,25	h/m²	Schwarz
b	Wandbildtapeten	0,50-0,67	h/m²	Schwarz
c	Velourtapeten	0,75-1,00	h/m²	Schwarz
d	Borten oder Friese kleben	0,05-0,13	h/m	Schwarz
367	**Holzpflasterarbeiten**			
a	Bodenbelag, z.B. RE-V, Lärche, 40/80mm ohne Oberflächenbehandlung	1,07	h/m²	Sirados
b	Stufenbelag, z.B. Kiefer, b=1,20m	2,80	h/St	Sirados
c	Fußleisten	0,05-0,16	h/m	Sirados
d	Schleifen/ Oberflächenbehandlung	0,20-0,26	h/m²	Sirados

Stichwortverzeichnis